KB199017

나이는 많지만
코딩은 하고 싶어

왕초보를 위한 챗GPT로 배우는 파이썬

윤근식 지음

포르체

Prologue

새로운 세계로

42살이 되던 해에 이직을 결심했습니다. 나름 안정적이던 교육 공무원을 그만두고 교육 연구기관의 연구원으로서 새로운 도전을 시작했습니다. 새로운 직장에는 다양한 교육 데이터가 가득했습니다. 많은 데이터 사이에서 의미를 찾고 제가 맡은 업무를 제대로 수행하기 위해서는 데이터를 다루는 도구–코딩이 반드시 필요했습니다. 이 책은 42세 전직 영어교사였던 코딩 문맹 직장인이 생존적 이유에서 코딩을 배워야 했던 코딩 분투기입니다.

코딩을 배우기 앞서 저는 이제까지 제가 해왔던 일과 제가 가장 잘했던 것을 다시 생각해 보았습니다. 바로 영어와 챗GPT였습니다. 저는 새로운 언어인 파이썬을 효율적으로 배우기 위해 언어(영어)를 공부하던 노하우를 접목했습니다. 그리고 새로운 인공지능 도구인 챗GPT를 적극 활용했습니다. 이미 많은 사람들이 챗GPT를 활용하고 계시지만 챗GPT가 코딩을 배우는 데 매우 뛰어난 도구라는 것은 잘 모르는 분이 많습니다. 이 책은 챗GPT가 얼마나 좋은 개인 코딩 과외 선생님인지 잘 보여드릴 것입니다.

이 책의 목적은 명확합니다. 독자 여러분이 '코드를 읽고 쓸 수 있는 힘', 즉 코딩 문해력(Coding Literacy)을 가질 수 있게 도와드리는 것입니다. 책을 통해 독자 여러분이 어떤 파이썬 코드를 마주하더라도 이 코드가 의미하는 바를 어느 정도는 이해할 수 있게 되길 바랍니다. 혹 잘 이해하지 못하더라도 이를 이해하기 위해 '무엇을 해야' 할지 그리고 '어떤 도움을 받아야' 하는지를 알 수 있는 힘을 길러드리고자 합니다.

이 책은 두꺼운 개론서처럼 파이썬의 모든 것을 상세하게 담고 있지는 않습니다. 다만 고기를 잡아주는 것이 아닌, 고기를 잡는 방법을 알려주는 어부와 같이 어떻게 하면 독자 여러분이 스스로 파이썬 코드를 읽고 쓸 수 있을지에 대해 집중하고 있습니다. 그리고 이 모든 과정은 제가 직접 수행한 '50일간의 파이썬 도전기'를 바탕으로 하고 있습니다. 독자 여러분께서 파이썬을 배우고 싶으시다면 두꺼운 개론서를 읽거나 강의를 듣는 것이 아니라 '지금 당장 실제로 코딩을 하는 것'이 더욱더 중요합니다. 이 책은 독자 여러분에게 '완벽한 준비'를 하는 것 대신 '지금 바로 시작'할 수 있도록 도와드릴 것입니다.

우리는 데이터가 곧 힘이자 자원이 되는 새로운 시대에 살고 있습니다. 이러한 시대에 코드를 읽고 쓸 수 있는 힘은 개인의 경쟁력을 넘어 생존과 관련된 문제가 되고 있습니다. 이제 곧 누구나 코딩을 해야 하는 시대가 올 것입니다. 이 책이 독자 여러분을 조금 더 빨리 코딩의 세계로 인도하는 역할을 하게 되길 바랍니다. 이 책과 함께 코딩을 배우기 위한 준비물은 다음과 같습니다. 1) 인터넷 접속이 가능한 컴퓨터, 2) 구글 계정, 3) 챗GPT 계정. 이 세 가지가 준비되었다면 이미 독자 여러분은 새로운 코딩의 세계에 뛰어들 준비가 된 것입니다.

책을 내는 데 많은 분들의 도움이 있었습니다. 먼저, 책을 멋지게 엮어주신 포르체 출판사 박영미 대표님께 감사의 말씀을 드립니다. 그리고 파이썬과 관련된 내용을 꼼꼼하게 리뷰해 주신 서울과학고 정보과 박다솜 선생님께도 깊은 감사의 마음을 전합니다. 마지막으로 언제나 든든한 버팀목이 되어주는 아내와 아들에게도 특별한 감사를 보냅니다.

목차

Part 3.
챗GPT와 함께한 50일간의 파이썬 도전기

Part 1

코딩 문맹 탈출기

코딩 리터러시

최근 많은 사람들이 '문해력(文解力, Literacy)'에 다시 주목하고 있습니다. 스마트폰과 유튜브 등 영상 매체의 과도한 사용으로 긴 글을 이해하지 못하는 사람들이 늘어나고 있다는 기사를 심심찮게 볼 수 있습니다. 또한 학교 현장에서는 코로나 이후 학생들의 문해력이 크게 떨어졌다는 우려도 많습니다. 그런데 문해력이란 정확히 무슨 의미일까요?

문해력 혹은 리터러시(Literacy)는 글을 읽고 그 뜻을 이해하는 능력을 의미합니다. 'Literacy'는 라틴어 'Literatus'에서 파생되었는데, 고대에는 '문학에 조예가 있는 학식 있는 사람'으로, 중세 시대에는 '라틴어를 읽을 수 있는 사람'으로, 그리고 종교 개혁 이후에는 '자신의 모국어를 읽고 쓸 수 있는 능력을 가진 사람'으로 정의되었습니다.*

이렇게 문해력의 개념은 시대의 흐름에 따라 또한 개인적, 사회적 요구에 능동적으로 대응하며 그 의미가 계속 바뀌어왔기 때문에 이를 한 문장으로 정의하기는 쉽지 않습니다.

최근 디지털 시대의 도래와 함께 다양한 매체를 통한 정보가 폭발적으로 증가하고 있습니다. 이런 시점에서 문해력은 글을 읽고 쓰는 능력, 즉 전통적 의미의 문해력을 넘어서 다양한 형태의 정보를 이해하고 활용하는 능력으로 확장되고 있습니다. 다시 말해 '문자 언어를 능숙하게 부릴 수 있는 능력'으로 정의되었던 일반적인 문해력의 개념에 컴퓨터 혹은 매체 문해력—정보화 시대를 살아가는 데 필수 불가결한 인터넷을 통해 정보를 탐색하고, 조직하고, 평가하고, 생산할 수 있는 능력—이 덧붙여졌습니다.[••] 따라서 이제는 디지털 문해력(Digital Literacy), 데이터 문해력(Data Literacy), 미디어 문해력(Media Literacy) 등 새로운 문해력의 중요성이 더욱 강조되고 있습니다. 사람들은 현대 디지털 시대를 살아가기 위해 텍스트 정보뿐만 아니라 비디오, 그래프, 인터랙티브 미디어 등 다양한 형태의 데이터를 해석하고 비판적으로 분석할 수 있는 능력을 요구받고 있으며 이런 관점에서 현대 사회에서의 문해력은 다층적 정보를 통합하고, 이를 효과적으로 활용하는 능력으로 변모하고 있습니다.

최근 우리는 생성형 AI라는 새로운 물결을 목도했습니다. 지난 몇 년간 머신러닝의 급격한 발전과 더불어 챗GPT의 등장은 인

• 문해력의 개념과 국내외 연구 경향, 새국어생활, 제19권 제2호(2009), 윤준채, p.6

•• 같은 논문, p.9

공지능 기술이 컴퓨터 공학이라는 특정 분야가 아닌 모든 분야의 종사자들에게 큰 영향을 미칠 수 있음을 보여주었습니다. 바야흐로 우리는 생성형 AI 시대에 살고 있습니다. 챗GPT는 2022년 말 등장부터 지금까지 짧은 시간에도 많은 변화를 보여주었습니다. 자연어 대화에 초점이 맞춰진 초기 대규모 언어 모델(Large Language Models, LLMs)을 넘어서 이제는 언어, 시각, 소리 등 다양한 형태의 정보를 통합하여 세상을 종합적으로 이해하고 추론하는 대형 멀티모달(Large Multimodal Models, LMMs)로 변모하고 있습니다. 이렇게 빠르게 바뀌는 세상에서 우리는 어떤 문해력에 주목해야 할까요? 저는 코딩 리터러시(Coding Literacy)를 강조하고 싶습니다.

코딩 리터러시는 컴퓨터 프로그래밍 언어를 이해하고 이를 활용하여 문제를 해결하거나 창의적인 아이디어를 구현할 수 있는 능력을 의미합니다. 한때 코딩은 컴퓨터를 전공한 엔지니어들이나 어두컴컴한 방 안에서 이해할 수 없는 코드를 쓰는 괴짜들의 전유물로 인식되기도 했습니다. 하지만 디지털 시대로의 급격한 전환과 더불어 코딩은 현재와 미래 세대가 반드시 배워야 할 가장 중요한 기술 중 하나가 되었습니다. 마이크로소프트 창업자 빌 게이츠, 페이스북 창업자 마크 주커버그는 코딩이 모국어, 과학, 수학과 동등한 수준으로 교육과정에 포함되어야 한다고 주장하고 있습니다. 또한 많은 사람들은 어린이들에게 읽기, 쓰기와 마찬가지로 코드를 읽는 능력을 반드시 가르쳐야 한다고 주장하고 있습니다. 왜 우리는 코딩을 배워야 할까요? 그리고 왜 우리에게 코딩 리터러시가 필요할까요?

먼저, 우리는 수많은 컴퓨터 속에서 살고 있기 때문입니다. 우리는 각종 소프트웨어로 구동되는 수많은 전자 기기들에 둘러싸여 있으며 현대 사회는 컴퓨터에 크게 의존하고 있습니다. 시간이 지남에 따라 더 많은 직업에서 더 높은 수준의 컴퓨터 활용 능력을 요구하고 있기 때문에 문법, 철자법, 수리력을 이해하는 것만큼이나 컴퓨터와 소통하는 능력이 중요해지는 것이 어찌 보면 당연해 보입니다. 하지만 소프트웨어가 점점 더 정교해짐에 따라 일반 대중은 소프트웨어의 원리와 점점 더 멀어지고 있는 것도 사실입니다. 소프트웨어는 최대한 직관적으로 사용할 수 있도록 설계되지만 대부분의 사람들에게는 여전히 그 작동 방식이 마치 마술처럼 느껴지기도 합니다.

스마트폰을 생각해 볼까요? 우리는 스마트폰을 매일 사용하지만 그 작동 방식을 이해하고 기본 기능을 넘어 더 깊이 파고드는 사람이 얼마나 될까요? 우리가 한글이나 엑셀 같은 프로그램을 많이 사용하지만 이런 소프트웨어를 자신의 업무에 좀 더 유리하도록 커스터마이징하는 능력을 가진 사람은 또 얼마나 될까요? 우리는 좋든 싫든 컴퓨터에 둘러싸여 있고 그것에 크게 의존하고 있습니다(하루에 스마트폰을 얼마나 사용하는지 생각해 보세요). 물리학과 생물학을 통해 우리를 둘러싼 세상과 우리의 몸을 좀 더 깊이 이해할 수 있는 것과 같이 컴퓨터와 소통할 수 있는 도구인 코딩과 이를 읽는 능력을 통해 우리를 둘러싼 컴퓨터를 좀 더 깊게 이해할 수 있습니다. 그리고 컴퓨터에 대한 이해는 우리 자신을 좀 더 깊게 이해할 수 있도록 도와줍니다.

두 번째로, 코딩 리터러시는 미래 사회에서 성공을 위한 핵심 역량이기 때문입니다. 과거와 달리 이제는 기술이 모든 비즈니스의 원동력입니다. 따라서 모든 영역에서 모든 종사자들이 기술 지식을 필수적으로 갖추어야 합니다. 독자 여러분이 물건을 생산 판매하는 작은 회사를 운영한다고 가정해 보겠습니다. 여러분의 회사는 단순히 물건을 판매하는 데 그치지 않고 소프트웨어를 사용하여 재고를 관리하고 유통 및 물류를 간소화하며 직원의 생산성을 높일 수 있습니다. 좀 더 솔직히 말씀드리면 이제 이렇게 하지 않으면 살아남기가 쉽지 않습니다. 과거 택시 회사가 고객을 목적지까지 정확하게 데려가는 것에만 신경을 썼다면 현재 택시 회사는 승객이 언제 어디서나 원하는 시간에 차량을 이용할 수 있도록 소프트웨어와 기술을 대대적으로 활용하는 회사로 바뀌고 있습니다. 만약 담당 경영진이나 사원들이 기술과 그 원동력을 깊이 이해하지 못한다면 이런 기업의 혁신은 불가능할 것입니다.

이런 기술 혁신의 중심에는 코딩 리터러시가 있습니다. 코딩을 하는 능력, 그리고 코드를 읽고 이해하는 능력은 AI 및 기계학습 알고리즘의 개발과 데이터 분석에 필수적입니다. 또한 코딩 리터러시는 데이터 리터러시, AI 리터러시의 가장 중요한 밑거름이 되기도 합니다. AI 기술의 확산으로 인해 앞으로는 더 많은 직업이 코딩 능력을 요구할 것이며, 이를 통해 개인과 기업은 변화하는 기술 환경에 적응하고 경쟁력을 유지할 수 있을 것입니다. 결과적으로 코딩 리터러시는 미래 사회에서 성공을 위한 핵심 역량이 될 것입니다. 그리고 앞으로 코드를 읽을 줄 아는 사람과 코드를 읽을 줄 모르는 사람의 차이는 점점 더 커질 것입니다.

마지막으로, 코딩을 하는 능력은 문제 해결 역량과 논리적인 사고를 길러줍니다. 코딩은 크고 복잡한 문제를 작은 단위로 나누고 체계적으로 접근하여 해결하는 역량을 키워주며, 이러한 사고방식은 다양한 분야에서 복잡한 문제를 해결하는 데 매우 유용합니다. 스티브 잡스는 한 인터뷰에서 "모든 국민은 코딩을 배워야 합니다. 코딩은 생각하는 방법을 가르쳐주기 때문입니다."라고 언급하며 코딩이 기초 교양(Liberal Arts)이 되어야 한다고 주장했습니다.

우리가 학교에서 읽기, 글쓰기, 수학을 배우는 이유가 무엇일까요? 글쓰기나 수학을 배우는 것은 비단 미래에 작가나 수학자가 되기 위해서만이 아닙니다. 모든 학교가 빠짐없이 글쓰기와 수학을 가르치는 이유는 이들이 중요한 기초 학문이기 때문입니다. 우리는 읽고 쓰는 방법을 익힘으로써 새로운 아이디어를 배우고, 더 나아가 자신만의 아이디어를 창출하고 공유할 수 있습니다. 그리고 우리는 수학을 통해 삶에 필요한 논리와 문제 해결 능력을 배웁니다. 마찬가지로, 코딩하는 능력이나 코드를 읽고 이해할 수 있는 능력도 컴퓨터 프로그래머만을 위한 것이 아닙니다. 코딩도 다른 기초 교양과 마찬가지로 논리와 문제 해결을 다루며, 때로는 수학보다도 더 재미있고 매력적인 방식으로 고급 개념을 배울 수 있습니다. 실제로 요즘에는 많은 대학들에서 '코딩 기초 및 문제 해결'을 교양 필수과목으로 설정하고 데이터 프로그래밍, 인공지능 프로그래밍 등을 교양 선택과목으로 제시하고 있습니다.

코딩은 창의성과 혁신을 촉진하기도 합니다. 코딩을 통해 아이디어를 현실화하고, 새로운 기술을 탐구할 수 있으며, 혁신적인 솔루션을 개발할 수 있습니다. 비유하자면 코딩을 배우는 것은 새로운 인어의 칠자나 문법을 배우는 깃과 비슷합니다. 일단 언어를 이해하면, 그 지식을 바탕으로 상상력을 발휘해 복잡한 문제를 해결하고 새로운 것을 창조할 수 있습니다. 미국 스탠포드 대학에서는 학부생의 90%가 컴퓨터 과학 수업을 듣습니다. 그리고 거의 대부분의 전공에서 컴퓨터 과학과 결합된 학제간(Inter-Displinary) 전공과목을 제공하고 있습니다. 이런 사례는 학생들이 정치인, 변호사, 사업가, 교수 등 어떤 직업을 목표로 하든 컴퓨터 과학은 이들이 세상을 이해하는 데 가장 유용한 도구가 될 수 있음을 보여주고 있습니다. 따라서 AI 시대에서 코딩 리터러시는 단순히 기술적인 능력을 넘어서, 미래를 준비하고 새로운 가능성을 열어가는 데 핵심적인 역할을 한다고 할 수 있겠습니다.

새로운 문맹: 코딩 문맹

전통적인 의미에서 문맹(文盲, Illiteracy)은 배우지 못하여 글을 읽거나 쓸 줄을 모르는 상태를 의미합니다. 그런 사람을 이르는 순우리말로는 '까막눈'이라는 말도 있습니다. 전통적인 문맹은 글을 읽고 쓰는 능력의 부재를 의미했지만, 새로운 형태의 문맹, 코딩 문맹(Coding Illiteracy)은 코드를 읽거나 쓰지 못하는 것을 의미합니다. 우리가 살아가는 AI 시대에는 기본적인 코딩을 모르면 변화하는 사회를 쫓아가지 못할 확률이 매우 높습니다.

'컴맹(Computer Illiterate)'이라는 용어는 많은 분들이 잘 아실 것이라고 생각합니다. 이는 문맹에서 파생된 것으로 컴퓨터에 대해 잘 모르는 사람을 의미합니다. 1990년에서 2000년대로 넘어가는 시기 개인용 컴퓨터와 인터넷이 급속히 보급되면서 생긴 용어인데요. 이제는 컴맹에 이어 '코맹'이라는 새로운 용어가 등장했습니다. 그만큼 코딩과 코딩을 통한 의사소통의 중요성이 한층 강조되고 있음을 보여주고 있습니다.

독자 여러분께서는 이렇게 반문하실 수 있습니다. "코딩을 모르는 게 어때서? 생활에 불편한 게 전혀 없는데?" 맞습니다. 하지만 1443년 세종대왕의 한글 창제 전, 이 땅에 살던 많은 사람들도 비슷한 생각을 했습니다. "글을 모르는 게 어때서? 글을 모른다고 생활에 불편한 것이 전혀 없는데?" 글을 읽고 쓸 수 있다는 것은 한 개인이 효과적인 커뮤니케이션 도구를 가진다는 것에 국한되지 않습니다. 이는 사람들의 사고의 지평을 넓혀주고 상상력과 창의성을 무한대로 확대시켜줍니다.

새로운 시대에도 코딩을 모른다는 것에 대한 불편함을 지금 당장 느끼지는 못할 수 있습니다. 하지만 다음 몇 가지 사례를 통해 코딩을 모르는 것이 어떤 의미일지 생각해 보도록 하겠습니다.

데이터 분석 능력의 부족

[상황] 선미 씨는 마케팅 부서에서 일하고 있습니다. 회사는 변화하는 고객의 행동 패턴을 분석하여 맞춤형 마케팅 전략을 세우고자 합니다. 이를 위해 회사는 파이썬(Python)을 이용한 데이터 분석 도구를 사용하고 있습니다.

[결과] 아쉽지만 선미 씨는 데이터 분석을 이해하지 못하고, 이 도구를 사용하는 방법도 모릅니다. 결과적으로, 그녀는 동료들보다 효율성이 떨어지고, 데이터에 기반한 전략을 세우는 데 어려움을 겪습니다. 이는 그녀의 업무 성과와 직장에서의 입지에 부정적인 영향을 미칩니다.

[분석] 디지털 시대에 데이터 분석 능력은 많은 분야에서 필수적입니다. 코드를 이해하지 못하면 데이터를 활용한 인사이트 도출이 어려워지며, 이는 곧 업무의 질과 직장 내 경쟁력에 영향을 미칠 수 있습니다.

기술 기반 서비스 이용의 어려움

[상황] 재훈 씨는 소규모 온라인 스토어를 운영하고 있습니다. 최근 많은 고객이 온라인 주문과 배송 서비스를 요구하면서, 그는 이러한 기능을 추가하기 위해 웹사이트를 업데이트해야 합니다.

[결과] 코딩 지식이 없는 재훈 씨는 웹사이트를 업데이트하거나 유지·보수하는 데 어려움을 겪습니다. 그 결과, 온라인 주문 시스템이 자주 오류를 일으키고, 고객 불만이 증가하며, 이는 매출 감소로 이어졌습니다.

[분석] 소규모 비즈니스 운영자라도 기본적인 코딩 지식이 없으면 디지털 플랫폼을 효과적으로 활용할 수 없습니다. 이는 비즈니스 경쟁력에 직접적인 영향을 미칠 수 있습니다.

창의적 프로젝트의 제한

[상황] 준호 씨는 예술가로, 새로운 표현 방식을 탐색하고 싶습니다. 그는 상호작용이 가능한 웹 기반 아트를 만들고자 하지만, 코딩에 대한 지식이 전혀 없습니다.

[결과] 준호 씨는 창의적인 아이디어를 실현하는 데 어려움을 겪으

며, 다른 프로그래머에게 의존해야 합니다. 이는 작업 속도와 창작의 자유를 제한하게 됩니다.

[분석] 현대 예술과 창작 분야에서도 코딩은 중요한 도구가 되고 있습니다. 코딩을 모르면 창의적인 프로젝트를 완전하게 구현하는 데 한계가 생길 수 있습니다.

이러한 예시들은 코딩 지식이 없는 것이 단순히 기술적 이해의 부족을 넘어 사회적, 경제적 기회에서 소외될 수도 있음을 보여줍니다. 즉, 코드를 이해하지 못하는 새로운 문맹은 개인의 성장과 성공을 제한할 수 있을 뿐 아니라 새로운 사회적 불평등으로 이어질 수 있습니다.

자, 이제 반대로 생각해 볼까요? 우리가 만약 코드를 읽고 이해하는 능력이 있다면, 다시 말해 코딩 리터러시를 가지고 있다면 무엇을 할 수 있을까요? 우선 코딩 리터러시가 있으면 다양한 직업에서 그 능력을 활용하여 업무 효율성을 높이고, 새로운 기회를 창출할 수 있습니다. 독자 여러분께서 어떤 직업에 종사하느냐에 따라 코딩 리터러시는 여러 방식으로 적용될 수 있습니다. 몇 가지 직업 예시를 통해 코딩 리터러시가 어떤 식으로 활용될 수 있는지 알아보겠습니다.

마케팅 전문가

[데이터 분석] 고객 데이터를 수집하고 분석하여 마케팅 캠페인의 성과를 평가하거나, 타겟 고객을 더욱 정교하게 설정할 수 있습니

다. 파이썬(Python)이나 R과 같은 프로그램을 이용해 데이터 분석을 자동화하고 인사이트를 도출할 수 있습니다.

[마케팅 자동화] 이메일 마케팅, 소셜 미디어 광고 등에서 자동화 스크립트를 작성해 반복적인 작업을 줄이고 효율성을 높일 수 있습니다.

프로젝트 매니저

[프로세스 자동화] 프로젝트 관리 도구와 워크플로를 코딩하여 자동화함으로써 팀의 작업을 보다 효율적으로 관리할 수 있습니다. 예를 들어, 반복적인 보고서 작성이나 일정 관리 작업을 스크립트로 자동화할 수 있습니다.

[기술 팀과의 원활한 소통] 코드를 이해하면 개발자들과 더 효율적으로 소통할 수 있어 프로젝트의 기술적 요구사항을 정확히 파악하고 관리할 수 있습니다.

학교 선생님

[교육 자료 개발] 간단한 코딩을 통해 학생들의 학습을 돕는 인터랙티브 학습 도구나 앱을 개발하고 업데이트할 수 있습니다. 이를 통해 학생들에게 더 효과적이고 흥미로운 교육 경험을 제공할 수 있습니다.

[커리큘럼 강화] 컴퓨터 과학 또는 기술 과목을 가르치는 선생님은 코딩 능력을 활용해 최신 기술 동향을 반영한 강의 자료와 실습 프로그램을 개발할 수 있습니다.

언론인 또는 콘텐츠 제작자

[데이터 저널리즘] 데이터를 분석하고 시각화하여 심층적인 스토리를 발굴할 수 있습니다. 데이터 시각화 도구를 활용해, 복잡한 데이터를 쉽게 이해할 수 있는 형태로 변환할 수 있습니다.

[웹 콘텐츠 개발] 블로그, 뉴스 사이트 등을 운영하면서 Python 기반 Django, Streamlit를 활용해 더 나은 사용자 경험을 제공하고, 콘텐츠의 가독성을 높일 수 있습니다.

법률가

[법률 데이터 분석] 대규모 판례나 법률 문서를 분석하여 법적 전략을 수립할 수 있습니다. 법률 리서치를 자동화하여 효율성을 높일 수 있으며, 머신러닝 기술을 활용해 문서 검토 작업을 가속화할 수 있습니다.

[리걸테크(Legal Tech) 개발] 새로운 법률 서비스나 앱을 개발하여 법률 서비스를 보다 접근하기 쉽게 만들 수 있습니다.

인사(HR) 전문가

[인재 관리 시스템 개선] 코딩을 통해 HR 시스템을 커스터마이징하거나, 채용 프로세스를 자동화하여 지원자 추적, 성과 평가, 직원 참여 분석 등의 작업을 효율화할 수 있습니다.

[데이터 기반 인사이트] 직원 데이터 분석을 통해 조직의 성과나 문화 개선에 대한 인사이트를 도출할 수 있습니다.

다양한 예시에서 볼 수 있듯이 코딩 리터러시는 한 분야에 국한되는 것이 아닙니다. 코딩하는 능력은 직업에 관계없이 다양한 방식으로 활용될 수 있으며, 이는 업무의 효율성을 높이고, 더 깊이 있는 분석과 창의적인 솔루션을 가능하게 합니다. 코딩을 통해 일상적인 작업을 자동화하거나, 데이터 분석을 통해 새로운 인사이트를 얻고, 새로운 기술을 기반으로 혁신적인 프로젝트를 추진할 수 있습니다. 이는 곧 직업에서의 경쟁력을 강화하고, 더 많은 기회를 창출하는 데 큰 도움이 될 것입니다.

제가 예전에 고등학교 영어 교사로 근무할 때 저희 반에 있던 한 운동부 학생에게 이런 질문을 받은 적이 있습니다. "선생님, 저는 앞으로 계속 운동만 할 건데 영어 공부가 왜 필요해요?" 저는 곰곰이 생각한 후, 다음과 같이 답해 주었습니다. "○○야, 네가 앞으로 무슨 일을 하든지 영어를 할 수 있는 능력은 너에게 날개를 달아줄 거야." 지금 독자 여러분에게 같은 말씀을 드리고 싶습니다. 현재 무슨 일을 하시든 어떤 직위에 계시든 코드를 읽을 수 있고 코딩을 할 수 있는 능력은 여러분에게 새로운 날개를 달아줄 것이라고요.

영어 이야기가 나왔으니 하는 말인데요. 사실 영어 공부와 코딩 공부는 매우 닮아있습니다. "이게 도대체 무슨 이야기야!" 하실 수 있는데요. 다음 장에서는 영어와 코딩의 닮은 점에 대해 좀 더 살펴보겠습니다.

[Tip] 당신은 얼마나 코맹인가요?

다음은 파이썬이라는 프로그래밍 언어로 짠 프로그램입니다. 아래의 코드를 한 번 살펴보고 이 코드가 도대체 무엇을 말하고 있는지 예상해봅시다.

프로그램 예시 1

```
def convert_celsius_to_fahrenheit(celsius):
    return celsius * 9 / 5 + 32
```

코드를 찬찬히 살펴보면 조금 눈에 익은 영어 단어들을 볼 수 있습니다. 먼저, 섭씨(celsius), 화씨(fahrenheit), 변환(convert)과 같은 단어들이 눈에 보이고 반환(return)이라는 영어 뒤에 계산식이 보이네요. 자세히는 잘 모르겠지만 섭씨온도를 화씨온도로 변환하는 기능을 가진 프로그램 같아 보입니다. 다음 코드를 살펴보겠습니다.

프로그램 예시 2

```
import re

class Contact:
    def __init__(self, name, phone, email):
        self.name = name
        self.phone = phone
        self.email = email

    def __str__(self):
        return f"Name: {self.name}, Phone: {self.phone}, Email: {self.email}"
```

```
class ContactManager:
    def __init__(self):
        self.contacts = []

    def add_contact(self, name, phone, email):
        if not self.validate_email(email):
            print("Invalid email format.")
            return
        new_contact = Contact(name, phone, email)
        self.contacts.append(new_contact)
        print("Add contact successfully")

                        ⋮
```

이 코드는 아까보다 훨씬 복잡해 보입니다. 도대체 무엇을 말하는 것일까요? 자세히는 모르겠지만 이름(name), 전화(phone), 이메일(email)이라는 단어가 보이고 연락처(contact)라는 단어도 있는 것으로 보아 이름과 전화번호 그리고 이메일 정보가 담긴 연락처를 만들고 관리하는 프로그램 같아 보입니다.

두 가지 예시 코드에서 보셨다시피 파이썬과 같은 고급 프로그래밍 언어는 굉장히 사용자 친화적입니다. 몇몇 독자 여러분께서 상상하시는 것처럼 코딩이 전혀 이해하지 못하는 문자나 숫자의 배열이 아니라, 영어를 조금만 아신다면 내용을 어느 정도 유추할 수 있는 것이라고 생각하면 좋겠습니다(물론 프로그래밍 언어별로 차이가 있을 수 있습니다). 그러니 시작하기에 앞서 미리 겁을 먹을 필요는 전혀 없습니다.

영어와 코딩

영어 공부와 코딩 공부는 유사점이 참 많습니다. 그 유사점의 바탕에는 영어도 코딩도 모두 '언어(Language)'라는 점이 있습니다. 지금부터 영어 공부와 코딩 공부의 유사점을 몇 가지 살펴보겠습니다.

먼저, 영어와 코딩 모두 규칙 기반의 학습이 이루어집니다. 영어에서 문장 구조나 시제 등 기본적인 문법이 있듯이 코딩에도 프로그램 언어의 문법, 구문, 알고리즘 원칙 등이 있습니다. 두 언어 모두 규칙을 이해하고 적용하는 데 중점을 둡니다. 두 번째로, 영어와 코딩 모두 숙련도를 높이기 위해 지속적인 연습과 반복이 필요합니다. 새로운 단어나 구문 혹은 새로운 코딩 개념은 연습을 통해 더욱 효과적으로 내면화될 수 있습니다. 결국 두 분야 모두 많은 연습과 반복을 통해 학습(Learn)을 넘어서 습득(Acquire)이 이루어져야 한다는 점이 같습니다. 세 번째로는 창의적 사고가 요구됩니다. 영어를 통해 창의적인 생각을 구체화하는 것처럼 코딩도 문제를 해결하기 위해 창의적인 방법을 구체화하는 과정입니다. 두 분야 모두 기존의 규칙과 지식을 활용하여 새롭고 창의적인 방법을 개발하고 문제를 해결한다는 공통점이 있습니다. 네 번째로는 구조화된 사고가 필요하다는 점입니다. 영어와 코딩 모두 명확한 구조와 조직화된 사고방식을 필요로 합니다. 예를 들어, 잘 구성된 문장이나 문단이 영어 글쓰기에서 중요하듯 효율적이고 명확한 코드 구조는 프로그래밍에서도 매우 중요한 요소입니다. 마지막으로 커뮤니케이션 능력입니다. 영어는 사람들 간의 의사소통을 위한 도구이므로 쉽고 명확한 영어를 구사하는 것이 중요합니다. 마찬가지로, 코딩도 다른 사람들과 효과적으로 소통하기 위해 깨끗하고 이해하기 쉬운 코드를 쓰는 것이 중요합니다.

생각보다 영어와 코딩의 유사점이 많죠? 그리고 이 둘은 모두 쉬운 공부 방법에 대한 유혹이 있다는 것도 공통점입니다. 영어를 공부할 때 '이 교재(혹은 방법)로 공부하면 2주 만에 귀가 열리고 한 달이면 영어가 술술 나온다.'라는 자극적인 광고 문구에 귀가 솔깃해지는 경우가 많습니다. '이제까지 내 영어가 늘지 않은 것은 바로 잘못된 공부법 탓이야.'라고 생각하며 노력은 적게 들이되 큰 결과물을 만들어줄 수 있는 새로운 학습 방법을 찾아나서기도 합니다. 하지만 그런 방법은 어디에도 없다는 것을 우리 마음 한편에서는 이미 알고 있습니다. 코딩도 마찬가지입니다. 학원 강의 몇 번만 수강하고 강사가 알려주는 코드를 며칠만 따라하면 개발자가 되어 구글 본사에 멋지게 사원증을 찍고 들어갈 수 있을 것 같은 착각을 일으키게 만드는 광고가 많습니다. 하지만 냉정하게 생각해 보면 그러기가 결코 쉽지는 않을 것 같습니다.

앞서 영어 공부와 코딩 공부가 모두 언어 학습이기 때문에 많은 연습이 필요하다는 것을 말씀드렸습니다. 마지막으로 이 '연습' 부분을 한 번 더 강조하려고 합니다. 영어 강의를 들을 때를 한번 생각해 보세요. 강의를 들을 때는 강의 내용을 다 이해하는 것처럼 느껴지지만 막상 영어를 말하거나 써야 하는 상황에서는 강의에서 배웠던 내용이 하나도 기억이 안 난 경험이 있으실 것입니다. 배웠던 내용이라도 지속적으로 연습하지 않는다면 결국 그 내용은 자신의 것이 아닙니다. 코딩도 마찬가지입니다. 강의를 들으며 선생님이 친절하게 설명을 해주실 때는 모든 것이 이해되는 것 같이 느껴집니다. 하지만 문제를 주고 백지에서부터 코드를 짜서 문제를 해결해 보라고 하면 무엇부터 시작해야 할지 막막한 경우가 많습니다. 결국 남이 아닌 자신의 힘으로 문제를 분석하고 스스로 해결하는 것이 중요합니다. 영어든 코딩이든 이런 힘을 기르는 방법은 오직 반복과 연습밖에 없습니다.

영어 공부의 다섯 가지 원칙

그렇다면 코딩 공부를 어떻게 하는 것이 좋을까요? 사실 이 질문은 코딩 문맹에서 탈출하기 위해 저 자신에게 던진 질문이기도 합니다. 저는 제가 가장 잘 아는 것부터 시작해 보기로 했습니다. 돌이켜 보면 제가 지난 15년간 영어 교사로 재직하며 학생들로부터 혹은 주변 지인들로부터 가장 많이 받은 질문이 바로 "영어 공부 어떻게 해야 하나요?"였습니다. 영어나 코딩 모두 같은 '언어 공부'이므로 코딩 공부의 방법에 대해 고민하기에 앞서 저는 영어 공부 방법에 대해서 먼저 떠올려보았습니다.

저는 앞선 질문을 받았을 때 바로 답을 하는 대신 "영어 공부의 목적이 무엇인가요?"라고 먼저 물어보곤 했습니다. 질문자가 고등학생이라면 영어 공부의 목적이 영어 시험 점수의 향상일 수 있고 대학생이라면 영어로 쓰인 전공 서적을 읽기 위함이라고 답변할 수 있습니다. 또한 질문자가 직장인이라면 해외 거래처에 영어로 업무 이메일을 쓰는 것이 목적이 될 수 있습니다. 다양한 목적에 따라 영어 공부의 방향성이 달라질 수 있으므로 저는 항상 공부의 목적에 대한 질문을 먼저 합니다. 공부의 목적이 명확하면 동기부여의 정도도 크게 달라집니다. 막연하게 "이번에는 꼭 영어 공부를 열심히 할 거야."라고 말하는 것과 "이번 분기에는 영어로 업무 이메일 쓰는 방법을 익힐 거야."라고 말하는 것은 결과적으로 큰 차이를 만들어냅니다. 목표가 명확하지 않으면 의지도 언젠가는 흐려집니다. 하지만 구체적인 목표가 있다면 중간에 잠시 어려움이 있더라도 다시 공부를 시작할 수 있는 내적인 힘이 생깁니다.

다음은 "영어 공부 어떻게 하나요?"라는 질문에 제가 생각하기에 가장 적절한 답을 정리해둔 것입니다. 이 항목들을 하나씩 살펴보겠습니다.

영어를 잘하기 위한 방법

1. 영어 공부의 목적을 명확하게 한다.
2. 매일 해야 한다.
3. 많이 듣고 읽어야 한다.
4. 실제로 부딪치며 실수해야 한다.
5. 적절한 피드백을 받아야 한다.

먼저, 앞서 말씀드렸듯이 영어 공부의 목적을 명확하게 해야 합니다. 구체적인 목표는 공부의 내적 동기를 부여하며, 내적 동기가 있어야 공부의 목표를 달성하는 것이 가능합니다.

두 번째로 매일 해야 합니다. 5분, 10분도 좋습니다. 영어 공부에 있어서는 아주 작은 시간이라도 '매일' 하는 것이 정말 중요합니다. 다음의 이야기를 들어보세요. 영어 공부를 시작한 두 친구가 있습니다. 철수와 영희라고 할게요. 철수는 일주일에 하루를 택하여 5시간을 집중적으로 공부하기로 마음먹었습니다. 하지만 영희는 많은 시간을 할애할 수 없어 하루에 30분씩만 5일 동안 공부를 하기로 마음먹었습니다. 누가 더 높은 효과를 냈을까요? 총 공부 시간만 따져 보면 철수가 두 배 많습니다. 하지만 저는 영희가 훨씬 더 좋은 성과를 이룰 수 있다고 확신합니다. 영어는 지식적인 측면이 있지만 운동선수가 같은 동작을 반복적으로 연습하듯 몸으로 익혀야 하는 기술적인 측면도 매우 강합니다. 매일 하는 것은 숙련도에 있어 큰 차이를 만들어냅니다.

세 번째는 많이 듣고 읽어야 합니다. 바꾸어 말하면 항상 영어에 대한 관심의 끈을 놓지 않고 있어야 합니다. 이것은 작은 생활 습관을 바꾸는 것으로도 달성할 수 있습니다. 대학을 같이 다녔던 제 친구 이야기를 하나 해드리겠습니다. 그 친구의 인터넷 첫 화면은 항상 ABC News나 CNN이었습니다. 처음에 봤을 때는 '이게 무슨 유난이야.'라고 생각하며 '과연 이게 영어 공부에 도움이 되긴 할까?'라는 의구심이 들었습니다. 하지만 그 친구의 말에 따르면, 인터넷 첫 화면이 영어 뉴스라면 아주 짧은 시간이라도 영어 뉴스 헤드라인을 읽어보게 되더라는 것입니다. 그리고 가끔 눈길이 가는 기사가 있다면 클릭하여 전문을 영어로 읽게 된다고 했습니다. 영어 공부를 위해 거창하게 준비하고 시간을 내는 것이 아니라, 영어에 자연스럽게 그리고 한 번이라도 더 노출이 되는 환경을 스스로 만든 것입니다. 항상 대형 포털 사이트가 첫 화면이고 자연스럽게 연예 뉴스를 보며 시간을 허비하던 저는 많은 반성을 하게 되었습니다.

네 번째는 실수의 중요성에 관한 것입니다. 간혹 문법을 완벽하게 익히고 나서 실수 없이 영어로 말을 하거나 글을 쓰려고 하는 분을 뵙게 됩니다. 이것은 일단 불가능하기도 하지만 영어를 배우는 방법으로 결코 바람직하지도 않습니다. 말이 되든 안 되든 실제로 영어를 쓰면서(실수를 하면서) 영어를 익히는 것이 가장 빠른 방법입니다. 제가 가르쳤던 학생들 중 영어가 가장 빨리 늘었던 친구는 언제나 가장 '자신감 있고 뻔뻔했던' 친구였습니다. 문법에 구애받지 않고 자기가 아는 단어를 섞어서 영어 원어민 선생님께 말을 걸던 학생이 있었는데요. 하려는 말을 한참 생각해서 완전한 문장을 만드는 다른 학생들보다 원어민 선생님에게 훨씬 더 높은 평가를 받았습니다. 자전거 타는 방법을 열심히 연구하는 것보다 실제로 한번 자전거에 타서 페달을 밟아보는 것이 더 중요하다는 점을 명심하세요.

마지막으로, 영어를 공부할 때는 적절한 피드백이 필요합니다. 영어는 의사소통 도구이므로 자신의 말이나 글이 타인과의 소통을 통해 내용적으로 혹은 형식적으로 다듬어지는 경험이 반드시 필요합니다. 누가 피드백을 해줄 수 있을까요? 주변에 영어 선생님이 있다면 선생님도 좋고 가까운 친구도 좋습니다. 그리고 최근에는 챗GPT와 같은 생성형 인공지능도 여러분들의 말과 글에 정말 훌륭한 피드백을 제공해줄 수 있습니다.

영어를 잘하기 위한 방법으로 다섯 가지 항목을 정리하여 제시했습니다. 저는 또 다른 언어인 코딩 공부를 시작하며 이 다섯 가지 항목을 그대로 코딩 공부에도 적용해 보고자 합니다.

코딩 공부의 다섯 가지 원칙

저는 영어 공부의 원칙을 떠올리며 코딩을 공부하기 위한 다섯 가지 원칙을 정했습니다. 하나씩 살펴보겠습니다.

1. 목적을 명확하게 한다.

영어 공부와 마찬가지로 코딩도 배우는 목적을 분명히 하는 것이 중요합니다. 자신이 왜 코딩을 배우는지 이해할 때 더 구체적이고 의미 있는 학습 목표를 세울 수 있습니다. 예를 들어 웹 개발, 데이터 과학, 인공지능 등 특정 분야에 관심이 있다면 그 분야에 맞는 언어와 도구를 중점적으로 학습할 수 있습니다. 저도 코딩을 왜 하고 싶은지에 대해 스스로 질문해 보았습니다. 물론 직장에서 여러 교육 데이터를 다루는 일을 능숙하게 수행하기 위해 배워야 하는 게 현실적인 이유이지만 저는 좀 더 큰 목표와 그 목표를 달성하기 위한 세부 목표를 정했습니다.

큰 목표

교육과 관련된 데이터를 분석하고 가공하여 그 속에서 교육적 인사이트를 도출하는 교육 데이터 사이언티스트가 되고 싶다.

세부 목표

50일 동안의 코딩 기초 공부를 통해 코드를 읽고 이해할 수 있는 능력(코딩 리터러시)을 기르고 간단한 프로그램을 직접 코딩할 수 있는 능력을 기른다.

우리는 데이터가 황금이요, 석유인 데이터의 시대에 살고 있습니다. 저는 교육 분야에서 수없이 많이 생산되는 교육 데이터를 체계적으로 분석하고 가공하여 여러 교육 분야에 인사이트를 도출하는 교육 데이터 사이언티스트가 된다는 목표를 세웠습니다.

사실 인공지능의 발달로 이른바 로코드(Low Code)•나 노코드(No Code)••가 흔해지고 있고, 코딩하는 법을 굳이 알아야 하는지에 대한 논의도 많습니다. 또한 데이터 수집, 가공, 시각화를 자동으로 해주는 프로그램도 흔하게 찾아볼 수 있습니다. 하지만 아무리 데이터 관련 기술이 자동화되더라도 기본적으로 코드를 읽고 쓰는 능력이 갖추어지지 않는다면 그 한계는 뚜렷할 것이라고 생각합니

• 소프트웨어 개발을 위해 최소한의 코딩을 필요로 하는 개발 방식입니다. 이 접근 방식은 사용자가 그래픽 인터페이스와 설정을 통해 애플리케이션을 개발할 수 있도록 설계되었습니다.

•• 전혀 코딩을 요구하지 않는 개발 방식입니다. 이 방식은 드래그 앤 드롭 인터페이스와 같은 직관적인 도구를 사용하여 비개발자도 애플리케이션을 쉽게 만들 수 있게 합니다.

다. 요리를 할 줄 아는 사람이 단순히 먹기만 하는 사람보다 맛에 대해 좀 더 깊은 이해를 할 수 있는 것과 비슷합니다. 따라서 저는 교육 데이터 사이언티스트로서 갖추어야 할 기본적인 능력을 기르기 위해, 코드를 읽고 이해할 수 있으며 간단한 프로그램을 짤 수 있는 코딩 실력을 기른다는 세부 목표를 작성했습니다. 일단 기간은 50일로 잡았습니다. 목표 기간을 너무 길게 잡아 시작하자마자 지쳐 포기하는 일이 없도록 주의했고, 현재 다니는 직장의 스케줄도 고려했습니다. 50일은 채 두 달이 안 되는 시간이지만 많은 것을 이룰 수 있는 시간이기도 합니다.

2. 매일 코딩해야 한다.

코딩 실력을 향상시키기 위해서는 꾸준한 연습이 필수적입니다. 특히 '매일'이 중요합니다. 매일 코딩 연습을 한다면 새로운 개념과 기술을 반복적으로 연습할 수 있게 되고 이는 기술 숙련도를 높이는 데 도움이 됩니다. 또한 규칙적인 연습은 문제 해결 능력을 강화시키고, 코딩에 대한 자신감을 높여줍니다. 저는 50일간 코딩을 매일 하는, 이른바 '50일 코딩 챌린지'를 구상했습니다. 앞서 영어 공부의 원칙에서 살펴본 것처럼 하루에 많은 시간을 할애하는 것이 아니라 작은 시간이라도 매일 하는 것이 코딩에 빨리 익숙해지는 가장 빠른 길이기 때문입니다.

'매일 연습'의 힘은 다음 두 가지 측면에서 설명할 수 있습니다. 먼저, 독일의 심리학자 헤르만 에빙하우스의 망각 곡선에 따르면 사람은 학습 직후에 망각이 가장 빠르게 일어나며 하루가 지나면 학습한 내용의 약 30%만 기억하고 있다고 합니다. 아무리 공부를 열심히 했더라도 같은 내용을 며칠 뒤에 보면 전혀 새로운 내용으로 느껴질 확률이 높습니다. 코딩도 마찬가지입니다. 매일 하지 않으면 며칠만 지나도 내가 짠 코드가 낯설게 느껴질 것입니다.

그리고 무엇인가를 매일 한다는 것은 무의식의 영역과 관련이 있습니다. 코딩과 같은 기술을 반복적으로 연습하면 뇌는 이를 내면화하고 점차 무의식적으로 수행할 수 있게 됩니다. 이는 자전거 타기나 운전과 같은 기술을 배울 때와 유사합니다. 코딩을 매일 한다면 코드에 대해서 의식적으로 생각하지 않을 때도 무의식을 담당하는 뇌의 영역이 문제 해결에 도움을 줄 수 있습니다. 즉, 휴식을 취하거나 다른 활동을 하고 있는 동안에도 뇌는 무의식적으로 문제를 처리할 수 있습니다. 실제로 저는 한창 영어 공부를 몰입해서 할 때 영어로 말하고 쓰는 꿈을 꾼 적이 있습니다. 이번에도 꿈에서 코드를 짜는 경험을 할 수 있을까요?

매일 코딩해야 한다는 목표를 달성하기 위해서 중요한 점이 하나 더 있습니다. 바로 코딩 공부에 적절한 환경을 조성하는 일입니다. 저는 코딩 공부를 위한 장소와 시간을 따로 정해두었습니다. 저녁 8시에서 9시 사이에는 급한 일이 아니라면 저는 제 방에 들어가서 코딩 공부를 할 수 있는 환경적 여건을 마련했습니다. 가족들에게는 미리 50일 챌린지에 대해 설명하고 50일간 양해를 부탁한다고 미리 말해두었습니다.

3. 코드를 많이 보아야 한다.

세 번째로, 코드를 많이 보는 것이 중요합니다. 영어를 잘하기 위해서는 영어에 노출되는 시간을 늘려야 하듯이 코딩을 잘하기 위해서는 코드를 많이 보아야 합니다. 특히 문제를 다양한 관점에서 바라볼 수 있는 능력을 기르기 위해서는 특히 다른 사람들이 짠 코드를 많이 참고하는 것이 중요합니다. 사용한 코드에 따라 프로그램 실행 시 사용 메모리나 시간의 효율성이 다를 수 있습니다. 또한 다른 사람들의 코드를 읽는 것은 새로운 코딩 스타일, 패턴, 해결 방법을 배우는 데도 매우 중요합니다. 다양한 코드 예제를 접하기 위해서는 오픈 소스 프로젝트, GitHub, 스택 오버플로우와 같은 플랫폼을 활용하는 것이 좋습니다.

4. 실제로 프로젝트를 수행해야 한다.

네 번째로, 서툴더라도 내 손으로 코딩을 직접 하려고 노력하는 것이 중요합니다. 영어와 마찬가지로 완벽하게 프로그래밍 언어를 익힌 다음에 프로젝트를 하려는 방식은 전혀 효율적이지 않습니다. 대신 작은 프로젝트라도 먼저 내 힘으로 해결해 보려는 노력이 매우 중요합니다. 이를 통해 큰 문제를 세부적인 문제로 쪼개는 방법도 배우게 되고 자신이 어디에서 막히는지 그리고 무슨 기술이 더 필요한지 알 수 있습니다. 이론적 지식과 실제 적용 사이에는 큰 차이가 있습니다. 실제 세계에서 일어나는 문제(혹은 불편함을 느꼈던 문제)를 다룸으로써 코딩 기술과 문제 해결 능력을 발전시킬 수 있습니다. 영어를 배울 때 무작정 외국인과 대화를 시도해 본 학생의 실력이 가장 빨리 향상되었듯이 코딩할 때도 일단 뭐든지 실제로 한번 짜보려고 노력하는 것이 실력 향상의 지름길입니다.

5. 많이 질문하고 적절한 피드백을 받아야 한다.

마지막으로 코드에 대해 질문하고 자신이 쓴 코드에 대해 피드백을 받는 것이 매우 중요합니다. 질문을 통해 학습자는 자신이 이해하지 못한 부분을 명확히 할 수 있고, 다른 관점에서 생각을 확장할 수 있기 때문입니다. 특히 코딩 공부에 있어서 적절한 피드백은 학습자가 자신의 실수를 인식하고, 그것을 바탕으로 자신의 코드를 개선하는 데 도움이 됩니다. 하지만 저는 따로 시간을 내어 학원을 가거나 인터넷 강의를 수강하기가 쉽지 않았습니다. 직장에 다니는 분들이면 더욱 공감하시리라 생각합니다. 그래서 저는 챗GPT를 이용하기로 했습니다. 챗GPT와 같은 인공지능 도구는 즉각적인 피드백을 제공하며 코드 작성에 대한 조언, 개념 설명, 실습 문제 제공 등 다양한 방식으로 학습자를 지원할 수 있습니다. 특히 챗GPT는 코드를 읽고 분석하는 데 강력한 능력을 발휘합니다. 챗GPT에 대한 내용은 다음 장에서 좀 더 다루도록 하겠습니다.

1. 목적을 명확하게 한다.
2. 매일 코딩해야 한다.
3. 코드를 많이 보아야 한다.
4. 실제로 프로젝트를 수행해야 한다.
5. 많이 질문하고 적절한 피드백을 받아야 한다.

지금까지 코딩을 잘하기 위한 다섯 가지 원칙을 살펴보았습니다. 이제 실제로 코딩 문맹 탈출을 위한 본격적인 준비를 시작해 보겠습니다. 먼저, '무엇을' 공부할지, '어떻게' 공부할지, 그리고 '어디서' 공부할지를 세 가지 도구를 중심으로 설명하겠습니다.

Part 2

무엇을, 어떻게, 어디서: 코딩 문맹 탈출을 도와줄 세 가지 도구

무엇을: 파이썬(Python)

직관적인 문법의 범용 프로그래밍 언어

영어, 중국어, 독일어, 스페인어 등 세상에 많은 언어들이 있는 것처럼 디지털 세계에서도 다양한 프로그래밍 언어들이 있습니다. 서로 다른 유형의 작업과 문제 해결을 위해 다양한 프로그래밍 언어들이 현재에도 개발, 사용되고 있습니다. 정보통신 관련 표준을 정하는 국제기구 IEEE에서 매년 Top Programming Languages를 선정해서 발표하는데, 2024년의 결과에 따르면 가장 인기 있는 프로그래밍 언어는 파이썬(Python), 2위는 Java, 3위는 JavaScript, 4위와 5위는 각각 C++과 TypeScript입니다. 프로그래밍 언어에 관심이 있으신 독자 여러분이라면 이중에 몇 가지는 들어보셨으리라 생각합니다. 프로그래밍 언어도 '언어'인지라 언어별로 각각 쓰임새나 문법이 다릅니다. 하지만 한 가지 언어에 익숙해지게 되면 다른 프로그래밍 언어도 배우기가 쉬워집니다. 한 언어에 익숙해지면 특정 문제를 해결하기 위한 접근 방식, 코드 최적화, 효율적인 알

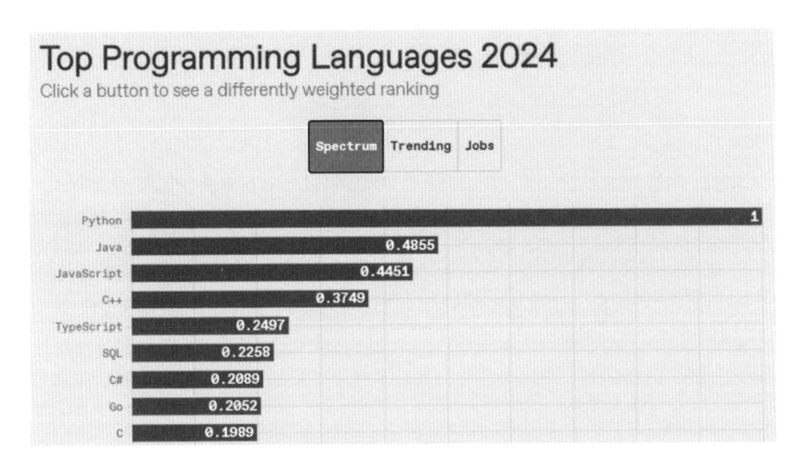

Top Programming Languages 2024

고리즘 선택 등 프로그래밍에 대한 일반적인 마인드셋을 기를 수 있고 이는 다른 언어를 배우는 과정을 좀 더 쉽고 빠르게 만들어주기 때문입니다.

우리는 코딩 공부를 시작하기 앞서 어떤 프로그래밍 언어를 선택할 것인지를 결정해야 합니다. 이왕이면 가장 많은 사람들이 사용하고 인기가 있는 언어를 선택하면 더 좋겠지요. 표에 따르면 가장 인기 있는 언어는 파이썬입니다. 하지만 파이썬이 코딩 초보자에게도 적합한 언어일까요? 저는 챗GPT에게 다음과 같이 물어보았습니다.

Prompt 나는 코딩을 처음 하는 사람인데 무슨 프로그래밍 언어로 시작해야 할까? 가장 적당한 프로그램 하나만 추천해줘.

코딩을 처음 시작하신다면 Python을 추천드립니다. Python은 문법이 간결하고 이해하기 쉬워 초보자가 배우기에 적합합니다. 또한 데이터 과학, 웹 개발, 자동화 등 다양한 분야에 활용할 수 있어서 배운 것을 실제로 적용해보기도 좋습니다. Python의 큰 커뮤니티와 풍부한 학습 자료는 초보자가 코딩을 배우는 데 많은 도움이 됩니다.

저는 챗GPT가 대답해준 내용과 구글 검색을 통해 많은 사람들이 입문 프로그램으로 파이썬을 사용한다는 사실을 알았습니다. 파이썬은 명확하고 읽기 쉬운 문법을 가지고 있어 프로그래밍의 기본 개념을 이해하기 쉬울뿐더러 다양한 영역으로 확장하기도 좋기 때문에 코딩을 처음 시작하는 사람들에게 가장 적당할 것 같았습니다. 그래서 저는 파이썬을 '50일 코딩 챌린지'의 프로그래밍 언어로 최종 선택했습니다. 자, 코딩 문맹 탈출을 위해 '무엇을' 공부해야 할지 결정했으니 이제는 '어떻게' 공부해야 할지를 알아보겠습니다.

어떻게: 챗GPT(ChatGPT) 24시간 코딩 과외 선생님

코딩을 어떻게 공부하면 좋을까요? 기본서를 보면서 독학할 수도 있고 시간을 내 학원에 가는 방법도 있습니다. 하지만 대부분의 직장인들처럼 저도 많은 시간을 할애할 수 없어 독학으로 코딩을 배우고자 마음먹었습니다. 코딩을 혼자서 배우기 위해서는 저의 바로 옆에서 코딩에 대해 친절히 알려주는 선생님이 꼭 필요했습니다. 코딩에 대한 아주 기초적인 개념을 알려줄뿐더러 늦은 밤에도 혹은 이른 아침에도 저의 질문에 자세한 답을 해주는 선생님 말입니다. 그리고 제가 작성한 코드에 적절한 피드백을 해주면서 더 나은 코드까지 추천해주는 개인 과외 선생님이 꼭 필요했습니다. 도대체 그런 선생님이 어디 있을까요? 사실 우리 가까이에 그런 선생님이 있었습니다. 바로 챗GPT입니다.

챗GPT는 OpenAI사가 개발한 대화형 인공지능으로 자연어 이해와 생성 능력을 바탕으로 사람과 자연스러운 대화를 할 수 있도록 설계되었습니다. 그래서 사용자의 질문이나 요청에 대해 적절한 답변을 제공하고, 다양한 주제에 대한 정보를 제공하며, 심지어 특정 작업을 수행할 수도 있습니다. 이미 많은 독자 분들께서 챗GPT에 관심이 있으시거나 이미 사용하고 계시리라 생각합니다. 많은 전문가들은 챗GPT가 잘할 수 있는 여러 분야 중 하나로 코딩을 꼽고 있습니다. 작성한 코드에 오류가 발생했는데 도저히 그 이유를 모를 경우, 혹은 코드의 내용 중 모르는 내용이 있는 경우 언제든지 챗GPT에게 질문할 수 있습니다. 또한 프로그래밍의 기초 개념부터 확장된 내용까지 챗GPT의 자세한 설명과 예시를 통해 배울 수도 있습니다. 물론 관련 연습 문제를 요청해서 풀어볼 수도 있습니다. 챗GPT가 24시간 개인 코딩 과외 선생님이 될 수 있습니다.

지금부터는 챗GPT의 접속 방법과 소통 방법에 대해서 간단히 소개해드리겠습니다. 먼저, https://openai.com/chatgpt/에 접속하세요. 'Start Now' 버튼을 누르고 이어진 화면에서 회원가입을 하면 됩니다.

챗GPT와 소통하는 방법은 정말 간단합니다. 챗GPT의 화면 하단 '메시지 ChatGPT'라는 부분에 명령어(프롬프트)를 입력하고 엔터를 치면 됩니다. 프롬프트는 챗GPT에게 하는 질문입니다. 챗GPT에게 영어로 질문을 하면 영어로 답변을 하고, 한글로 질문하면 한글로 답변합니다. 또한 같은 질문이라도 좀 더 명확하고 구체적으로 질문할 때, 그리고 원하는 형식이나 자세한 맥락을 제공할 때 챗

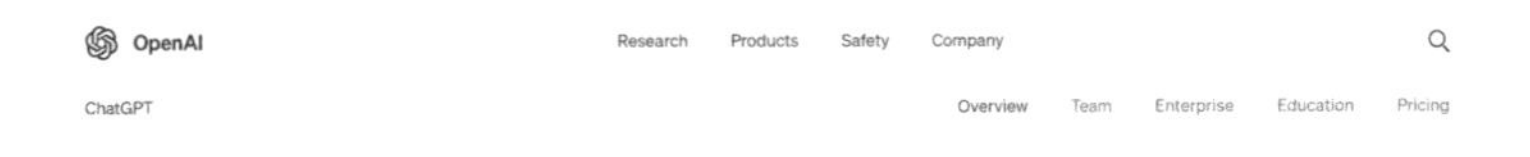

챗GPT 회원가입 화면

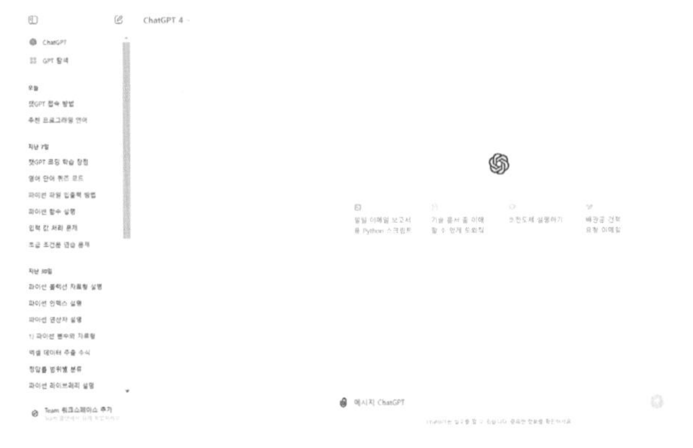

챗GPT 명령어 입력창

GPT로부터 더 좋은 결과물을 받아볼 수 있습니다. 따라서 우리가 원하는 답을 찾기 위해서는 챗GPT에게 좋은 질문을 하는 것(좋은 프롬프트를 쓰는 것)이 매우 중요합니다. 독자 여러분 중 챗GPT를 처음 만나시는 분이 계시다면 "안녕하세요? 당신은 누구시죠?"라는 메시지를 써서 챗GPT와 소통해보시기 바랍니다.

챗GPT는 이전에 했던 대화를 기억하는 기능이 있습니다. 따라서 같은 맥락의 대화를 하기 위해서는 한 창에서 대화를 이어 나가면 됩니다. 하지만 완전히 새로운 대화를 하고 싶다면 좌측 새 채팅 아이콘(✎)을 누르세요. 본 책에서는 챗GPT 유료버전 ChatGPT4 모델을 사용하고 있습니다.

이제 챗GPT를 사용할 준비가 되셨다면 챗GPT를 사용하여 코딩 공부(파이썬)를 하는 데 유용한 프롬프트 작성 팁을 알려 드리겠습니다.

Tip 1. 개념 이해에 필요한 설명을 요청하세요.

☞ '초등학생에게 설명하듯이', '아주 쉽게' 등의 표현을 프롬프트에 추가하여 설명의 수준을 조절할 수 있습니다.

Prompt 파이썬에서 명령어를 출력하는 방법을 초등학생에게 설명하듯이 아주 쉽게 알려주세요.

☞ 질문자의 맥락을 제공하거나 챗GPT에게 역할을 부여하는 것도 좋은 방법입니다.

Prompt 당신을 초등학생에게 파이썬 코딩을 가르치는 선생님이라고 생각하세요. 파이썬의 연산자가 무엇인지 쉽게 알려주세요.

☞ 개념을 비교하기 쉽게 표를 만들어 달라고 요청할 수 있습니다.

Prompt 산술 연산자, 비교 연산자, 할당 연산자, 논리 연산자를 각각 표로 만들어 주세요. 첫 번째 열은 연산자, 두 번째 열은 그 연산자에 대한 설명, 그리고 세 번째 열에는 간단한 예시가 위치하게 표를 만들어 주세요.

Tip 2. 예시를 요청하세요.

☞ '세 가지 예시와 함께', '예시에 대한 자세한 설명을 추가하여' 등의 구체적인 표현을 프롬프트에 추가해 좀 더 자세한 예시를 요청할 수 있습니다.

Prompt 파이썬의 반복문이 무엇인지 세 가지 코드 예시와 함께 설명해 주고, 예시 코드에 대한 자세한 설명도 같이 해주세요.

Tip 3. 연습 문제를 요청하세요.

☞ 문제의 난이도나 문제 수를 다양하게 요청할 수 있습니다.

Prompt 파이썬 연산자에 대한 중급 문제 세 개를 내주세요.

☞ 스스로의 힘으로 문제를 풀고 답을 확인할 수 있도록 답을 미리 보여주지 않도록 요청해 보세요.

Prompt 파이썬 함수의 기본 개념을 복습할 수 있는 두 가지 연습 문제를 내주세요. 단, 답을 미리 보여주지 마세요.

☞ 연습 문제 해결에 어려움이 있다면 문제에 대한 힌트를 요청해 보세요.

(Prompt) 언습 문제 2번의 자료형 변환에 대해 힌트를 주세요.

☞ 독자 여러분들의 코드를 챗GPT에 입력하고 답과 오답 설명을 요청할 수 있습니다.

(Prompt) 위 파이썬 함수 문제에 대한 저의 답입니다. 저의 답이 맞는지 체크해 주고 틀린 경우 왜 틀렸는지 설명해 주세요.

☞ 문제에 대한 정답은 한 가지가 아니므로 다양한 방식의 답을 요청할 수 있고 자신의 답과 비교해 볼 수도 있겠지요.

(Prompt) 위 문제에 대한 답을 알려주고, 다른 답도 알려주세요.

Tip 4. 직접 파이썬 코드를 입력하고 설명을 요청하세요.

☞ 입력된 코드에 대한 자세한 설명 및 수정, 주석•을 요청할 수 있습니다.

(Prompt) 이 코드의 문제가 무엇인지 알려주고, 실행이 잘될 수 있도록 코드를 수정해 주세요.

(Prompt) 다음의 코드에 한글 주석을 달아주세요.

• 코드를 설명하는 코멘트로 코드 자체에는 영향을 미치지 않습니다. 파이썬에서는 '#'을 입력하고 뒤에 설명을 쓰면 파이썬은 이를 주석으로 인식합니다.

☞ 파이썬 코드를 한 줄씩 풀어 자세한 설명을 요구할 수도 있습니다.

(Prompt) 위에 제시된 파이썬 코드를 한 줄씩 풀어서 아주 쉽고 자세하게 설명해 주세요.

☞ 알고리즘의 실행 속도나 메모리 공간을 향상시킬 수 있는 코드를 요청할 수도 있습니다.

(Prompt) 실행 시간을 좀 더 절약할 수 있게 아래의 코드를 수정해 주세요.

(Prompt) 메모리 공간을 좀 더 절약할 수 있게 다음 코드를 수정해 주세요.

지금까지 챗GPT를 소개하고 이를 활용하여 파이썬을 공부할 수 있는 여러 가지 방법을 설명했습니다. 자, 이제 배울 프로그래밍 언어도 결정했고, 우리를 도와줄 든든한 선생님도 모셨으니 이제 마지막 한 가지 내용만 결정하면 됩니다. 파이썬 코드를 도대체 '어디에' 써야 할까요? 우리는 코드를 작성할 플랫폼이 필요합니다.

어디서: 구글 코랩(Google Colab)

클라우드 기반의 대화형 파이썬 노트북

파이썬 코드 작성을 위한 플랫폼(그림을 그릴 수 있는 도화지와 같은 것이라고 생각하세요)에는 여러 종류가 있는데요. 대표적으로 주피터 노트북(Jupyter Notebook), 비주얼 스튜디오(Visual Studio), 파이참(Pycharm) 등이 있습니다. 저는 초보자들이 별도의 프로그램 설치 없이 바로 실행할 수 있는 온라인 코딩 플랫폼을 중점적으로 살펴보았고 결국 구글 코랩(Google Colab)을 선택했습니다. 코랩이 코딩 초보자들에게 특히 유용한 이유는 다음과 같습니다.

먼저, 코랩은 복잡한 개발 환경 설정이나 소프트웨어 설치 과정이 전혀 없습니다. 인터넷 사이트에 들어가는 것처럼 웹 브라우저를 통해 바로 코딩을 시작할 수 있습니다. 이것은 정말 큰 장점인데요. 저의 경험을 통해 단순히 파이썬을 설치하고 개발 환경을 만드는 것도 큰 어려움이라는 것을 잘 알고 있기 때문입니다. 또한 구글 코랩에는 데이터 분석, 머신러닝, 시각화 등에 사용되는 광범

위한 라이브러리•가 사전 설치되어 있어 추가 설정 없이 바로 사용할 수 있습니다.

두 번째로 코랩은 파이썬 코드를 작성하고 실행하는 데 최적화되어 있습니다. 특히 코랩은 주피터 노트북 기반으로 코드뿐만 아니라 설명, 이미지, 하이퍼링크 등을 포함하는 '노트북'을 생성할 수 있습니다(실제 노트에 한 줄씩 글을 쓰신다고 생각하면 됩니다). 이는 학습 과정을 문서화하고, 이해하기 쉬운 형태로 정보를 정리할 수 있게 해줍니다. 저도 이번에 '50일간의 파이썬 도전기'를 시작하면서 50일간의 기록을 하나의 노트로 기록해 두었고 언제든지 제가 썼던 코드를 일자별로 볼 수 있도록 관리했습니다.

세 번째로 구글의 강력한 컴퓨팅 자원을 사용할 수 있습니다. 코랩은 구글 클라우드의 컴퓨팅 자원을 이용하는데요. 머신러닝과 같은 고성능을 요구하는 작업을 위해 GPU나 TPU 사용도 무료로 지원합니다. 따라서 데이터 분석, 머신러닝 프로젝트 등 고성능 컴퓨팅 자원을 요구하는 작업도 수행할 수 있습니다. 이는 복잡한 계산이나 대규모 데이터 처리가 필요할 때 매우 유용합니다.

네 번째로 코랩을 통해 쉽게 협업과 공유가 가능합니다. 특히 구글 드라이브와의 통합을 통해 쉽게 노트북을 저장하고 링크를 통해 다양한 사람들과 코드를 공유할 수 있습니다. 이는 협업 프로젝트나 학습 자료 공유에 매우 유용하다고 할 수 있겠습니다.

• 파이썬에서 '라이브러리'는 자주 사용되는 함수, 클래스, 변수 등을 모아 놓은 코드의 집합입니다. 라이브러리를 사용하면 이미 만들어진 코드를 재사용할 수 있어서, 개발자가 일일이 코드를 작성하지 않고도 필요한 기능을 쉽게 구현할 수 있습니다.

마지막으로 가장 중요한 점은 이 모든 것을 무료로 사용할 수 있다는 점입니다. 따라서 코랩을 통해 코딩 초보자도 손쉽게 코딩 환경에 접근할 수 있고 다양한 프로젝트를 실행하고 관리할 수 있습니다. 이러한 편의성은 코딩 공부 과정을 더욱 효과적이고 즐겁게 만들어줄 것입니다.

자, 백문이 불여일견이라고 했습니다. 독자 여러분께서도 지금 바로 구글 코랩에 접속해 보시기 바랍니다. 먼저, https://colab.research.google.com에 접속하세요. 구글 계정으로 로그인한 후 아래 '+새노트' 버튼을 누르시면 코드를 바로 작성할 수 있는 셀이 생성됩니다.

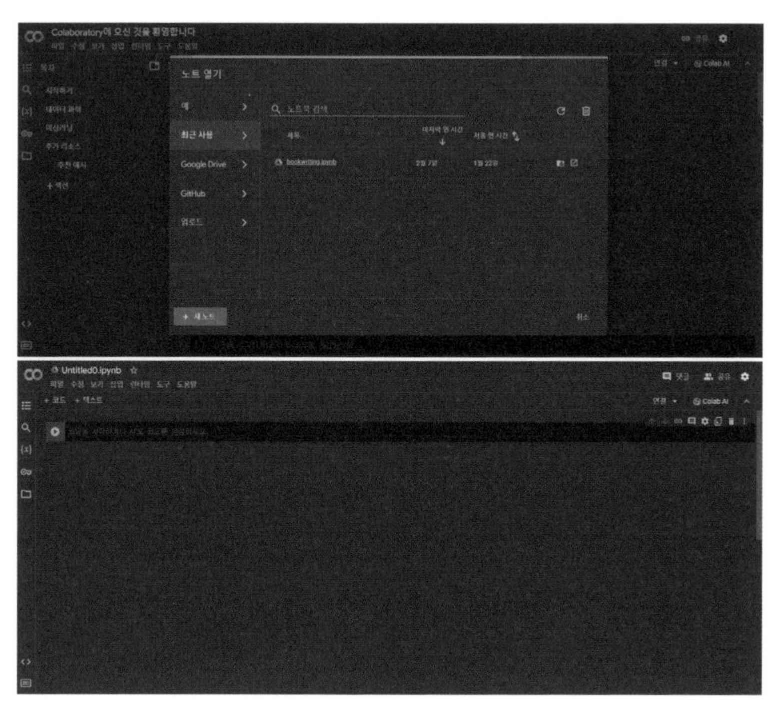

구글 코랩 화면

새 노트를 열면 기본적으로 하나의 셀이 제공됩니다. 이것은 노트에서 글을 적을 수 있는 첫 줄이라고 생각하시면 됩니다. 추가적으로 코드 셀(줄)을 추가하려면 셀의 왼쪽 상단 메뉴에서 '+코드' 버튼을 클릭하거나, 노트 상단의 메뉴에서 '삽입', '코드 셀'을 선택하면 됩니다. 좀 더 쉽게 셀을 추가하는 방법도 있습니다. 코드 셀을 클릭하여 단축키 Ctrl+m+a, Ctrl+m+b를 누르면 각각 현재 셀에서 위와 아래에 새로운 셀이 생깁니다.

셀 위에 코드를 작성하는 방법은 아주 쉽습니다. 코드 셀에 직접 파이썬 코드를 입력하면 됩니다. 예를 들어, 다음과 같은 간단한 출력물을 작성해 보겠습니다.

코랩 코드 작성

자, 이렇게 작성한 코드를 실행하기 위해서는 어떻게 해야 할까요? 그냥 'Enter' 버튼을 누르면 코드 셀 안에서 줄바꿈을 하게 됩니다. 코드를 실행하기 위해서는 코드 셀 왼쪽에 있는 실행 버튼을 클릭하거나, 셀을 선택한 상태에서 Ctrl+Enter를 누르면 됩니다.• 셀 아래에 출력된 결과물이 보이는 것을 확인할 수 있습니다. 독자 여러분들도 구글 코랩에서 "Hello, Colab"을 출력하셨다면 본격적인 코딩을 위한 모든 준비를 마친 셈입니다.

```
[1] print("Hello, Colab!")

Hello, Colab!
```

코랩 코드 작성 결과물

코드를 쓰면서 코드에 대한 제목이 필요한 경우가 있습니다. 우리가 일기를 쓸 때 일기의 내용 앞에 제목을 붙이는 것과 같다고 할 수 있는데요. 이때는 텍스트 셀을 추가할 수 있습니다. 새 텍스트 셀을 추가하려면 '+텍스트' 버튼을 클릭하거나, 상단 메뉴에서 '삽입' > '텍스트 셀'을 선택합니다. 저는 텍스트 셀을 이용하여 매일 날짜별로 코드를 정리했습니다. 그래서 언제든 그날에 했던 코딩 공부나 기록 등을 확인할 수 있었습니다.

코드를 작성하면서 코드에 대한 자세한 설명, 즉 주석이 필요한 경우가 많습니다(앞에서 주석에 대해 잠깐 살펴보았죠?). 사실 매우 간단한 코드를 제외하고는 대부분의 코드에는 주석이 반드시 필요합니다. 주석을 다는 것, 다시 말해 아래의 코드가 무엇인지 일상의 말로 설명하는 것은 코드 이해의 용이성을 높여주고 코드를 유지·보수할 때 큰 도움이 됩니다. 영어로 말을 하거나 글을 쓰는 것의 목적이 다른 사람들과의 의사소통인 것처럼 코딩도 다른 사람들과의 의사소통이 매우 중요합니다. 이때 정확하고 자세한 주석을 통

- Ctrl+Enter은 셀을 실행하는 단축키이고, Shift+Enter는 셀을 실행하고 다음 셀을 선택하는 단축키입니다.

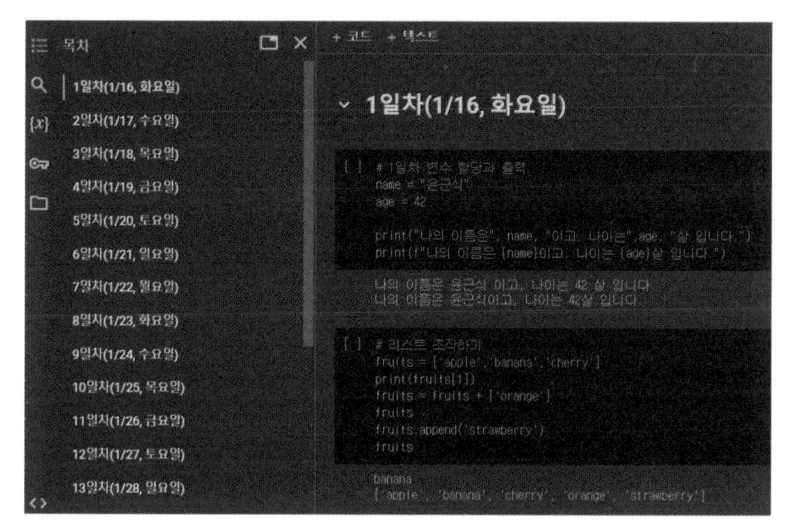

텍스트 셀 예시

해 코드를 처음 보는 사람도 빠르게 전체적인 코드 맥락을 이해할 수 있게 만드는 것이 중요합니다. 특히 많은 사람이 한 가지 프로젝트를 동시에 작업할 때, 주석은 팀원들 간의 중요한 의사소통 수단입니다. 주석은 코드의 가독성, 유지 보수성, 협업 효율성에 매우 중요한 역할을 하니 처음부터 주석을 자세히 다는 습관을 기르는 게 좋습니다.

코랩에서 주석을 다는 방법은 두 가지입니다. 먼저 코드나 텍스트 앞에 #기호를 붙여 해당 줄(한 줄 주석)을 주석 처리할 수 있습니다. 그리고 주석의 앞뒤로 ''' 또는 """를 사용하여 여러 줄에 걸친 주석을 작성할 수 있습니다. 좀 더 간편하게 주석을 다는 방법도 있습니다. 주석이 필요한 코드를 먼저 블록으로 지정하고 'Ctrl+/' 단축키를 사용하면 쉽게 주석을 달고 해제할 수 있습니다.

```
[2]  # 이것은 주석입니다.
     print("주석 아래의 코드는 실행됩니다.")

주석 아래의 코드는 실행됩니다.

[3]  '''
     이것은
     여러 줄에 걸친
     주석입니다.
     '''
     print("여러 줄 주석 아래의 코드도 실행됩니다.")

여러 줄 주석 아래의 코드도 실행됩니다.
```

여러 줄 주석

이제까지 우리는 프로그래밍 언어로 파이썬을 선택했고 챗GPT라는 훌륭한 개인 과외 선생님을 소개받았습니다. 그리고 실제로 코딩을 수행할 플랫폼으로 구글 코랩을 선정했습니다. 자, 이제 '50일간의 파이썬 도전기'를 시작할 모든 준비를 마쳤습니다. 이제부터 우리는 파이썬이라는 프로그래밍 언어를 구글 코랩에서 챗GPT와 함께 배워보도록 하겠습니다.

Part 3

챗GPT와 함께한 50일간의 파이썬 도전기

첫날:
계획 세우기

분야를 막론하고 공부를 처음 시작하는 사람들의 가장 막막한 점은 '도대체 무엇을 해야 할지' 모른다는 점입니다, 코딩 공부도 마찬가지입니다. 파이썬을 배우기로 결심했는데 도대체 파이썬의 무엇부터 공부해야 할까요? 저는 먼저, 챗GPT에게 파이썬에서 꼭 알아야 할 가장 중요한 개념들이 무엇인지 물어보았습니다. 책이나 강의를 통해 무엇을 배울 것인지 살펴보는 것도 좋지만 질문을 통해 스스로 무엇을 공부할지 결정하는 것이 더 적극적인 학습을 가능케 할 것이라 생각했기 때문입니다. 저의 목표는 개발자가 되는 것이 아니라 기초 수준의 코딩 능력을 갖추는 것이므로 다음과 같은 질문을 통해 '무엇'을 공부할지를 결정했습니다.

Prompt 나는 코딩에 대해 전혀 모르지만 파이썬을 배우고 싶어. 파이썬 프로그래밍에서 가장 중요하고 꼭 알아야 하는 개념 7개를 예시와 함께 알려줘.

파이썬을 배우기 시작하는 것은 훌륭한 결정입니다! 파이썬은 초보자에게 친숙하고 다재다능한 프로그래밍 언어입니다. 여기 파이썬 프로그래밍을 이해하는 데 있어 중요한 몇 가지 핵심 개념들을 예시와 함께 설명하겠습니다.

1. 변수와 자료형

- 파이썬에서 변수는 데이터를 저장하는 컨테이너입니다. 자료형은 해당 데이터의 종류를 정의합니다(예: 문자열, 정수, 부동소수점, 불리언).
- 예시:

```python
name = "Alice"  # 문자열
age = 30            # 정수
height = 5.5       # 부동소수점
is_adult = True # 불리언
```

2. 조건문

- 조건문을 사용하여 코드의 흐름을 제어할 수 있습니다. `if`, `elif`, `else`를 사용하여 조건에 따라 다른 동작을 수행하도록 할 수 있습니다.
- 예시:

```python
if age >= 18:
    print("성인입니다.")
else:
    print("미성년자입니다.")
```

3. 반복문

- 반복문 (`for` , `while`)을 사용하여 코드를 반복적으로 실행할 수 있습니다. 이는 같은 작업을 여러 번 수행해야 할 때 유용합니다.
- 예시:

```python
for i in range(5):  # 0부터 4까지 반복
    print(i)
```

4. 리스트와 사전

- 리스트(`list`)는 여러 값을 순서대로 저장하는 컬렉션입니다. 사전(`dict`)은 키와 값의 쌍으로 데이터를 저장합니다.
- 예시:

```python
friends = ["철수", "영희", "민수"]  # 리스트
phone_book = {"철수": "010-1234-5678", "영희":
              "010-8765-4321"}  # 사전
```

5. 함수

- 함수는 코드의 재사용을 위해 특정 기능을 수행하는 코드 블록을 의미합니다. `def` 키워드로 함수를 정의합니다.
- 예시:

```python
def greet(name):
    return f"안녕, {name}!"
print(greet("홍길동"))  #"안녕, 홍길동!"
```

6. 클래스와 객체

- 클래스를 사용하여 사용자 정의 데이터 타입을 생성할 수 있으며, 객체는 클래스의 인스턴스입니다. 클래스는 객체 지향 프로그래밍의 기초입니다.
- 예시:

```
python

class Person:
    def __init__(self, name, age):
        self.name = name
        self.age = age

alice = Person("Alice", 30)  # Person 객체 생성
```

7. 예외 처리

- 예외 처리를 사용하여 프로그램 실행 중 발생할 수 있는 오류를 적절히 처리할 수 있습니다. `try`, `except` 블록을 사용하여 예외를 처리할 수 있습니다.
- 예시:

```
python

try:
    result = 10 / 0
except ZeroDivisionError:
    print("0으로 나눌 수 없습니다.")
```

이 개념들은 파이썬 프로그래밍의 기초를 이해하는 데 중요하며, 이를 통해 다양한 프로그램과 애플리케이션을 개발할 수 있습니다. 각 개념을 하나씩 차근차근 배워가며 실습해 보세요.

챗GPT는 파이썬을 익히기 위해 가장 기본적인 내용으로 변수와 자료형, 조건문, 반복문, 리스트와 사전, 함수, 클래스와 객체, 예외 처리 등 일곱 가지를 제시해 주었습니다. 저는 챗GPT의 응답 내용과 여러 가지 파이썬 학습 자료를 종합하여 다음과 같은 일곱 가지 내용을 7주에 걸쳐 학습하기로 결정했습니다.

파이썬 기초 학습내용

1주 차: 변수와 자료형(Variables and Data Types) 그리고 연산자(Operators)
2주 차: 콜렉션 자료형(Collection Data Types): 리스트(list), 튜플(tuple), 사전(dictionary), 집합(set)
3주 차: 조건문(Conditional Statements): if문
4주 차: 반복문(Iterations): for문, while문
5주 차: 함수(Functions)
6주 차: 클래스(Class)와 객체(Object)
7주 차: 파일 읽고 쓰기 및 프로젝트

본격적으로 학습에 들어가기 전 프로그램의 가장 기본인 출력 방식에 대해 살펴보도록 하겠습니다. 챗GPT에게 다음과 같이 물어보았습니다.

Prompt 파이썬에서 출력하는 법을 아주 쉽게 알려줘.

파이썬에서 명령어를 출력하는 가장 기본적인 방법은 print( ) 함수를 사용하는 것입니다. 이 함수는 괄호 안에 있는 내용을 화면에 출력합니다. 여기서 명령어란 문자열이나 변수, 숫자 등 다양한 데이터를 의미할 수 있습니다. 아주 쉬운 예제를 몇 개 보여드리겠습니다:

1. 문자열 출력하기:

```python
print("안녕하세요!")
```

이 코드는 화면에 "안녕하세요!"라는 문구를 출력합니다.

2. 숫자 출력하기:

```python
print(123)
```

이 코드는 화면에 숫자 123을 출력합니다.

3. 변수의 값을 출력하기:

```python
message = "오늘은 좋은 날입니다."
print(message)
```

먼저 message 라는 변수에 "오늘은 좋은 날입니다."라는 문자열을 저장하고, print( ) 함수를 이용해 이 변수의 값을 출력합니다.

4. 여러 항목을 함께 출력하기:

```python
name = "홍길동"
age = 20
print("이름:", name, "나이:", age)
```

이 코드는 "이름: 홍길동, 나이: 20"과 같이 변수 `name`과 `age`에 저장된 값과 함께 문자열을 출력합니다.

`print()` 함수는 매우 유연하여 다양한 데이터 타입을 출력할 수 있으며, 여러 값을 쉼표로 구분하여 한 줄에 출력할 수도 있습니다.

전통적으로 한 프로그래밍 언어를 배울 때 가장 처음으로 짜는 코드가 "Hello, World!"를 화면에 출력하는 것입니다. 이는 가장 기본적인 출력 명령어를 통해 개발 환경이 올바르게 설정되었는지 확인하는 작업이기도 합니다. 독자 여러분께서도 아래의 코드를 구글 코랩에서 실행하여 "Hello, World!"를 출력해 보세요. 성공하셨다면 파이썬 언어의 첫 발을 떼신 셈입니다. 축하합니다!

```python
print("Hello, World!")
```

"Hello, World!" 출력 코드

1주 차:
변수와 자료형(Variables and Data Types) 그리고 연산자(Operators)

챗GPT의 도움으로 작성한 우리의 학습 계획서대로 1주 차에는 변수와 자료형에 대해서 알아보겠습니다. 저는 챗GPT에게 다음과 같이 질문해 보았습니다.

Prompt 나는 파이썬을 처음 배우는 사람이야. 파이썬의 핵심 개념인 변수와 자료형을 자세한 예시와 함께 설명해줘.

파이썬을 처음 배우기 시작할 때, 변수와 자료형은 매우 중요한 기본 개념입니다. 이 두 개념을 잘 이해하는 것은 파이썬 프로그래밍의 기초를 다지는 데 큰 도움이 됩니다.

변수*

변수는 데이터를 저장하는 공간입니다. 파이썬에서 변수를 만들 때는 별도의 선언이 필요 없으며, 값을 할당함으로써 자동으로 생성됩니다. 변수에는 데이터를 저장하고, 이후에 그 이름을 사용하여 데이터에 접근할 수 있습니다.

예시:

```python
x = 5
name = "Alice"
```

여기서 `x` 는 정수 5를 저장하는 변수이고, `name` 은 문자열 "Alice"를 저장하는 변수입니다.

자료형

자료형은 데이터의 종류를 나타냅니다. 파이썬에는 여러 가지 기본 자료형이 있으며, 가장 일반적인 몇 가지는 다음과 같습니다:

1. 정수형 (`int`): 정수를 저장하는 자료형입니다. 예: `x = 10`
2. 부동소수점형 (`float`): 소수점을 포함하는 숫자를 저장합니다. 예: `y = 3.14`
3. 문자열 (`str`): 텍스트 데이터를 저장합니다. 예: `name = "Bob"`
4. 불린형 (`bool`): True 또는 False 값을 가지는 자료형입니다.
   예: `is_adult = True`
5. 리스트 (`list`): 순서가 있는 항목의 집합을 저장합니다.
   예: `colors = ["red", "green", "blue"]`
6. 튜플 (`tuple`): 변경할 수 없는 순서가 있는 항목의 집합입니다.
   예: `dimensions = (800, 600)`
7. 사전 (`dict`): 키와 값의 쌍을 저장합니다.
   예: `person = {"name": "Alice", "age": 30}`

- 엄밀히 말하면 챗GPT의 응답에서 변수에 관한 설명 두 번째 문장은 '파이썬에서 변수를 만들 때는 별도의 자료형 선언이 필요 없으며,'로 수정해야 합니다. 파이썬에서는 x = 5와 같이 변수를 선언하는 과정은 필요하지만 int x = 5와 같이 자료형을 지정할 필요는 없습니다. 변수 선언은 반드시 필요하며, 선언하지 않은 변수를 접근할 경우 Name Error: name 'x' is not defined와 같이 네임 에러가 뜹니다. 챗GPT가 생성한 답변이 항상 정확하고 완벽하지는 않을 수도 있습니다. 그래서 사용자의 판단과 검증이 필요합니다.

각 자료형은 고유한 특성과 사용 방법을 가지고 있으며, 특정 작업에 적합한 자료형을 선택하는 것이 중요합니다.

예시를 통한 자료형 설명:

```python
# 정수형 예시
age = 25

# 부동소수점형 예시
height = 1.75

# 문자열 예시
greeting = "Hello, World!"

# 불린형 예시
is_student = True

# 리스트 예시
fruits = ["apple", "banana", "cherry"]

# 튜플 예시
coordinates = (10.0, 20.0)

# 사전 예시
student_info = {"name": "John", "age": 22, "major": "Math"}
```

변수와 자료형을 이해하고 나면, 파이썬으로 기본적인 데이터 조작과 간단한 프로그램을 작성하는 데 필요한 기초를 갖추게 됩니다. 이후에는 더 복잡한 자료구조, 함수, 클래스 등 다양한 파이썬의 기능을 배워나갈 수 있습니다.

챗GPT는 파이썬의 변수와 자료형에 대해 자세한 설명을 해주었습니다. 설명을 통해 어느 정도는 이해가 되었지만 아직 변수의 개념에 대해 확실하게 이해되지 않아 다시 한 번 이렇게 질문해 보았습니다. 독자 여러분께서도 모르는 내용이 있을 때는 챗GPT에게 반복해서 질문해 보세요.

Prompt 파이썬에서 변수가 무슨 말이야?

파이썬에서 변수(variable)는 데이터를 저장하는 메모리 위치에 주어진 이름입니다. 변수를 사용하면 프로그램 내에서 데이터에 쉽게 접근하고, 데이터를 수정하거나 관리할 수 있습니다. 변수에는 숫자, 문자열, 리스트, 사전 등 파이썬에서 지원하는 다양한 타입의 데이터를 저장할 수 있습니다.

변수에 값을 할당할 때는 등호(`=`)를 사용합니다. 이때 등호의 왼쪽에는 변수의 이름이 오고, 오른쪽에는 저장하고자 하는 값이 옵니다.

예시:

```python
# 변수 'a'에 정수 10을 할당
a = 10

# 변수 'name'에 문자열 "Alice"를 할당
name = "Alice"

# 변수 'scores'에 리스트 [90, 80, 70]을 할당
scores = [90, 80, 70]
```

```
# 변수 'person'에 사전 {'name': 'Bob', 'age': 25}를 할당
person = {'name': 'Bob', 'age': 25}
```

변수 이름 규칙:

- 변수 이름은 문자(letter)나 밑줄(_)로 시작해야 합니다.
- 이후의 문자는 문자, 숫자, 밑줄이 될 수 있습니다.
- 파이썬에서는 대소문자를 구별하기 때문에, Name과 name은 서로 다른 변수로 취급됩니다.
- 파이썬에는 예약어(reserved words)가 있는데, 이러한 예약어는 변수 이름으로 사용할 수 없습니다. 예를 들어, if, for, class 등은 예약어입니다.

변수를 사용함으로써 프로그램의 가독성이 높아지고, 데이터를 효율적으로 관리할 수 있게 됩니다.

챗GPT가 변수에 대해 좀 더 구체적인 설명과 예시를 제공해주어 변수 개념을 좀 더 쉽게 이해할 수 있었습니다. 변수는 음식을 담는 그릇처럼 다양한 타입의 데이터를 저장할 수 있는 공간 이름이라고 생각하면 될 것 같습니다. 그리고 변수 할당은 이름 옆에 '=' 표시를 하고 숫자나 문자 등의 변수값을 적으면 된다고 알려주고 있습니다. 여기서 '=' 기호는 '같다'의 의미가 아니라 오른쪽에 있는 숫자나 문자 등의 변수값이 왼쪽의 변수 이름에 할당된다는 뜻입니다. 즉, a = 10은 변수 a에(a의 이름을 가진 메모리에) 정수 10을 할당(보관)한다는 의미가 되는 것입니다. 그리고 챗GPT는 추가로 변수 이름을 만드는 일반적인 규칙과 변수로 사용할 수 없는 예약어에 대해서도 설명해 주었습니다. 다음으로는 자료형에 대해 좀 더 알아보겠습니다.

Prompt 파이썬 자료형에 대해서 좀 더 자세히 설명해줘. 각 자료형마다 예시 3개씩 보여줘.

파이썬은 다양한 내장 자료형을 제공하여 여러 종류의 데이터를 효율적으로 처리할 수 있게 해줍니다. 각 자료형은 특정 종류의 데이터를 다루는 데 최적화되어 있습니다. 여기서는 주요 자료형들과 각각에 대한 예시를 세 개씩 살펴보겠습니다.

1. 정수형 (`int`)

정수형은 소수점 없이 양수, 음수를 표현할 수 있는 자료형입니다.

예시:

```python
age = 30
temperature = -5
year = 2021
```

2. 부동소수점형 (`float`)

부동소수점형은 소수점을 포함하는 실수를 표현할 수 있는 자료형입니다.

예시:

```python
height = 1.75
pi = 3.14159
temperature = -2.5
```

3. 문자열 (str)

문자열은 문자들의 시퀀스로, 텍스트 데이터를 표현할 수 있는 자료형입니다. 문자열은 큰따옴표(" ") 또는 작은따옴표(' ')로 둘러싸서 생성할 수 있습니다.

예시:

```python
name = "Alice"
greeting = 'Hello, world!'
book_title = "Python Programming"
```

4. 불린형 (bool)

불린형은 참(True) 또는 거짓(False)의 두 가지 값만을 가질 수 있는 자료형입니다.

예시:

```python
is_adult = True
is_weekend = False
has_license = True
```

챗GPT가 구체적인 예시와 함께 네 가지 대표적인 자료형에 대해 상세히 설명해 주고 있습니다. 간단히 설명하면 자료형은 데이터의 종류를 의미합니다. 정수형(int)•은 소수점 없이 양수, 음수, 0을 표현하는 자료형이고 부동소수점형(float)••은 소수점을 포함하는 실수

• 정수의 영어 표현인 integer의 약자입니다.

•• 부동소수점의 영어 표현인 floating point의 약자입니다.

를 표현하는 자료형입니다. 문자열(str)*은 텍스트 데이터를 포함하는 자료형이고 작은따옴표(' ')나 큰따옴표(" ")를 사용하여 표현합니다(그래서 123은 정수형이지만, '123'은 문자열입니다). 불(bool)**값은 참과 거짓을 나타내는 자료형입니다.

다음으로는 연산자에 대해 살펴봅시다. 파이썬에서 사용되는 기본적인 연산자에 대해 알아보기 위해 저는 다음과 같은 프롬프트를 사용했습니다.

Prompt 파이썬 연산자에 대해서 예시와 함께 자세하게 설명해줘.

파이썬에서 사용되는 주요 연산자는 크게 다음과 같이 분류할 수 있습니다: 산술 연산자, 비교 연산자, 할당 연산자, 논리 연산자, 비트 연산자, 멤버십 연산자, 식별 연산자입니다. 각각에 대해 예시와 함께 자세히 설명하겠습니다.

1. 산술 연산자

산술 연산자는 수학적 계산을 위해 사용됩니다.

- 덧셈 (+): 두 값을 더합니다.

```python
a = 10
b = 5
result = a + b  # result는 15입니다.
```

* 문자열은 문자가 여러 개 연결된 것입니다. 문자들이 이어진 모습이 끈과 같다고 하여 문자열을 string이라고 표기하고 str은 string의 약자입니다.

** 컴퓨터는 기본적으로 0 또는 1 두 가지 값이 중요한데요. 불 값이 0이면 거짓, 0이 아닌 모든 값은 참으로 이해합니다.

- 뺄셈 (-): 첫 번째 값에서 두 번째 값을 뺍니다.

```python
result = a - b  # result는 5입니다.
```

- 곱셈 (*): 두 값을 곱합니다

```python
result = a * b  # result는 50입니다.
```

- 나눗셈 (/): 첫 번째 값을 두 번째 값으로 나눕니다. 결과는 항상 부동 소수점 수입니다.

```python
result = a / b  # result는 2.0입니다.
```

- 몫 (//): 나눗셈의 결과에서 소수점 이하를 버리고 정수 몫만 취합니다.

```python
result = a // b  # result는 2입니다.
```

- 나머지 (%): 첫 번째 값을 두 번째 값으로 나눈 나머지를 반환합니다.

```python
result = a % b  # result는 0입니다.
```

- 지수 (**): 첫 번째 값을 밑으로 하고 두 번째 값을 지수로 하는 거듭제곱 값을 계산합니다.

```python
result = a ** 2  # result는 100입니다. (10의 2승)
```

2. 비교 연산자

비교 연산자는 두 값을 비교하는데 사용됩니다. 결과는 항상 True 또는 False 입니다.

- 동등 (==): 두 값이 같으면 True를 반환합니다.
- 부등 (!=): 두 값이 다르면 True를 반환합니다.
- 보다 큼 (>): 첫 번째 값이 두 번째 값보다 크면 True를 반환합니다.
- 보다 작음 (<): 첫 번째 값이 두 번째 값보다 작으면 True를 반환합니다.
- 보다 크거나 같음 (>=): 첫 번째 값이 두 번째 값보다 크거나 같으면 True를 반환합니다.
- 보다 작거나 같음 (<=): 첫 번째 값이 두 번째 값보다 작거나 같으면 True를 반환합니다.

3. 할당 연산자

할당 연산자는 변수에 값을 할당하는 데 사용됩니다. 산술 연산자와 결합하여 사용될 수도 있습니다.

- 할당 (=): 오른쪽 표현식의 값을 왼쪽 변수에 할당합니다.
- 더하고 할당 (+=): 오른쪽 값을 왼쪽 변수에 더한 후 결과를 왼쪽 변수에 할당합니다.
- 빼고 할당 (-=), 곱하고 할당 (*=), 나누고 할당 (/=), 나머지 할당 (%=), 몫 할당 (//=), 지수 할당 (**=) 등도 비슷한 방식으로 작동합니다.

4. 논리 연산자

논리 연산자는 주로 불린(Boolean) 값들을 다루는 데 사용됩니다.

- AND (and): 두 조건이 모두 True 일 때 True 를 반환합니다.
- OR (or): 두 조건 중 하나라도 True 이면 True 를 반환합니다.
- NOT (not): 조건의 반대를 반환합니다. 즉, True 이면 False 를, False이면 True 를 반환합니다.

챗GPT의 설명을 통해 연산자가 무엇인지 그리고 파이썬 프로그램에는 어떤 연산자가 있는지 살펴볼 수 있었습니다. 연산자란 숫자나 값들에 대해 계산이나 조작을 할 수 있게 해주는 특별한 기호나 단어를 말합니다. 쉽게 말해, 연산자는 값을 가지고 수학적인 계산이나 논리적인 비교 등을 할 때 사용하는 도구라고 생각하면 될 것 같습니다. 혹시 위에 챗GPT가 알려준 연산자의 설명이 어려울 경우 다음과 같이 좀 더 쉽게 설명해달라고 요청할 수 있습니다.

(Prompt) 파이썬의 연산자가 무엇인지 초등학생에게 설명하듯이 아주 쉽게 설명해줘.

이렇게 프롬프트를 넣었을 때의 결과가 앞의 설명과 어떻게 달라지는지를 비교해 보세요. 챗GPT의 대답이 명쾌하지 않을 경우, 좀 더 쉬운 설명을 요구하거나 프롬프트에 '초등학교 학생에게 설명하듯이' 혹은 '쉬운 예시와 함께' 등의 표현을 덧붙여 보세요. 챗GPT가 훨씬 더 이해하기 쉬운 답변을 줄 것입니다.

연산자에 대한 답변을 통해 연산자는 몇 가지 종류가 있다는 것을 알았습니다. 그리고 이를 좀 더 쉽게 이해하기 위해 다양한 연산자를 예시와 함께 한꺼번에 살펴볼 수 있게 표로 만들면 좋겠다는 생각이 들었습니다.

Prompt 산술 연산자, 비교 연산자, 할당 연산자, 논리 연산자를 각각 표로 만들어줘. 첫 번째 열을 연산자, 두 번째 열은 그 연산자에 대한 설명, 그리고 세 번째 열에는 간단한 예시가 위치하게 표를 만들어줘.

여기 각 연산자 유형별로 정리한 표들이 있습니다:

산술 연산자

연산자	설명	예시
+	두 값을 더한다	3 + 2 = 5
-	첫 번째 값에서 두 번째 값을 뺀다	3 - 2 = 1
*	두 값을 곱한다	3 * 2 = 6
/	첫 번째 값을 두 번째 값으로 나눈다 (결과는 항상 부동 소수점 수)	3 / 2 = 1.5
//	나눗셈의 결과에서 소수점 이하를 버리고 정수 몫만 취한다	3 // 2 = 1
%	첫 번째 값을 두 번째 값으로 나눈 나머지를 반환한다	3 % 2 = 1
**	첫 번째 값을 밑으로 하고 두 번째 값을 지수로 하는 거듭제곱 값을 계산한다	3 ** 2 = 9

비교 연산자

연산자	설명	예시
==	두 값이 같으면 True를 반환한다	3 == 2 -> False
!=	두 값이 다르면 True를 반환한다	3 != 2 -> True

>	첫 번째 값이 두 번째 값보다 크면 True를 반환한다	3 > 2 -> True
<	첫 번째 값이 두 번째 값보다 작으면 True를 반환한다	3 < 2 -> False
>=	첫 번째 값이 두 번째 값보다 크거나 같으면 True를 반환한다	3 >= 2 -> True
<=	첫 번째 값이 두 번째 값보다 작거나 같으면 True를 반환한다	3 <= 2 -> False

할당 연산자

연산자	설명	예시
=	오른쪽 표현식의 값을 왼쪽 변수에 할당한다	x = 2
+=	오른쪽 값을 왼쪽 변수에 더한 후 결과를 왼쪽 변수에 할당한다	x += 2 -> x = x +2
-=	오른쪽 값을 왼쪽 변수에서 빼고 결과를 왼쪽 변수에 할당한다	x -= 2 -> x = x - 2
*=	오른쪽 값을 왼쪽 변수에 곱하고 결과를 왼쪽 변수에 할당한다	x *= 2 -> x = x * 2
/=	왼쪽 변수를 오른쪽 값으로 나누고 결과를 왼쪽 변수에 할당한다	x /= 2 -> x = x / 2
%=	왼쪽 변수를 오른쪽 값으로 나눈 나머지를 왼쪽 변수에 할당한다	x %= 2 -> x = x % 2
//=	왼쪽 변수를 오른쪽 값으로 나눈 정수 몫을 왼쪽 변수에 할당한다	x //= 2 -> x = x // 2
**=	왼쪽 변수를 오른쪽 값으로 거듭제곱하고 결과를 왼쪽 변수에 할당한다	x **= x -> x = x ** 2

논리 연산자

연산자	설명	예시
and	두 조건이 모두 True일 때 True를 반환한다	True and False -> False
or	두 조건 중 하나라도 True이면 True를 반환한다	True or False -> True
not	조건의 반대를 반환한다 (True이면 False, False이면 True)	not True -> False

훨씬 보기 편해졌죠? 아직 이해가 안 되는 부분이 많겠지만 하나씩 시행착오를 겪어가며 익혀나가는 과정이 중요합니다. 여기서 한 가지 중요한 점은 자료형마다 사용할 수 있는 연산자가 있고, 자료형에 따라 연산자의 사용 결과가 달라질 수 있다는 점입니다. 예를 들어 '정수+실수'의 결과는 실수이지만 '문자열+문자열'의 결과는 두 문자열을 합친 문자열입니다.

```
print("안녕"+"하니?") -> "안녕하니?"
```

또한, 문자열*3과 같이 연산하면 문자열을 세 번 반복한 문자열이 생성됩니다.

```
print("안녕"*3) -> "안녕안녕안녕"
```

이제 파이썬의 변수와 자료형 그리고 연산자의 개념을 완전히 내

것으로 만들기 위해 연습 문제를 요청해 보겠습니다.

Prompt 파이썬 변수와 자료형 그리고 연산자에 대한 초급 수준 문제를 내줘.

아래는 파이썬 변수, 자료형, 연산자에 대한 초급 수준의 문제입니다:

문제 1: 변수 할당 및 출력

파이썬에서 변수 x에 10을 할당하고, y에 5를 할당한 후, 두 변수의 합을 출력하는 코드를 작성하세요.

문제 2: 자료형 변환

문자열 "123"을 정수형으로 변환하고, 그 결과를 변수 z에 할당한 후 출력하는 코드를 작성하세요.

챗GPT가 파이썬의 변수와 자료형 그리고 연산자를 동시에 포함하는 문제를 금세 만들어 주었습니다. 독자 여러분께서도 구글 코랩을 여신 후에 문제를 각각 풀어보시기 바랍니다. 챗GPT의 문제를 그대로 복사해서 코랩에 붙여 넣고 앞에 '#'을 붙여 주석처리를 하면 편리하게 문제를 보면서 풀 수 있습니다.

문제 1번은 변수 'x'에 10을 할당하고 변수 'y'에 5를 할당하여 두 변수의 합을 출력하는 문제입니다. 일단 변수 할당은 아래와 같이 쓰면 될 것 같습니다.

```
x = 10
y = 5
```

다음으로 앞서 연산자에서 배웠듯이 두 변수의 합은 'x + y'으로 나타내고, 이 결과물을 출력하기 위해서는 print( ) 함수를 쓰면 됩니다.

```
print(x + y)
```

혹은 다른 방식으로 'x + y = sum'과 같이 두 변수의 합을 먼저 다른 변수에 할당하고 이후 그 변수를 출력하는 방식으로 코드를 짜도 될 것 같습니다.

```
x + y = sum
print(sum)
```

간단하게 첫 번째 문제를 해결했습니다!

이제 문제 2번을 살펴보겠습니다. 2번 문제는 문자열 "123"을 정수형으로 변환하는 문제입니다. 하지만 우리는 아직까지 한 자료형을 다른 자료형으로 변환(형 변환)하는 방법에 대해서 배운 적이 없습니다. 챗GPT에게 다음과 같이 물어보겠습니다.

Prompt 파이썬에서 자료형을 변환하는 방법을 알려줘.

파이썬에서 자료형을 변환하는 방법은 내장 함수를 사용하여 수행할 수 있습니다. 여기 몇 가지 기본적인 자료형 변환 방법을 소개합니다:

1. 정수형으로 변환 (`int()` 함수 사용)

- 문자열이나 실수를 정수형으로 변환할 때 사용합니다.
- 예: `int("123")` → 123, `int(12.34)` → 12

2. 실수형으로 변환 (`float()` 함수 사용)

- 문자열이나 정수를 실수형으로 변환할 때 사용합니다.
- 예: `float("123.45")` → 123.45, `float(123)` → 123.0

3. 문자열로 변환 (`str()` 함수 사용)

- 정수, 실수, 다른 객체들을 문자열 형태로 변환할 때 사용합니다.
- 예: `str(123)` → "123", `str(12.34)` → "12.34"

챗GPT가 한 자료형을 다른 형태로 변환하는 과정을 잘 보여주고 있습니다. 첫 번째에서 볼 수 있듯이 문자열을 정수형으로 변환할 때는 `int()` 함수를 사용하면 될 것 같습니다. 그렇다면 문제 2번의 답은 `z = int("123")`이 아닐까요? 제가 쓴 코드가 맞는지 정답을 한 번 살펴보겠습니다.

(Prompt) 문제 2: 자료형 변환 답을 알려줘.

문제 2의 답은 다음과 같습니다:

문자열 "123"을 정수형으로 변환하고, 그 결과를 변수 `z`에 할당한 후 출력하는 코드입니다.

```python
# 문자열 "123"을 정수형으로 변환
z = int("123")

# 변환된 값을 출력
print(z)
```

이 코드는 문자열 "123"을 `int()` 함수를 사용하여 정수 123으로 변환하고, 그 결과를 변수 z에 할당합니다. 그 다음 `print()` 함수를 사용하여 `z`의 값을 출력합니다. 실행 결과는 123이 됩니다.

독자 여러분께서도 챗GPT가 제시한 문제를 같이 풀어보시기 바랍니다. 질문이 있는 경우에는 언제든지 챗GPT에게 물어보시고, 이해가 힘든 경우라면 좀 더 자세한 설명과 예시를 요청하시면 됩니다. 마지막으로 파이썬 변수와 자료형에 관해 연습 문제 하나만 더 풀어보겠습니다.

(Prompt) 변수와 자료형에 대한 초급 수준의 연습 문제를 내줘.

아래는 변수와 자료형에 대한 초급 수준의 연습문제들입니다. 이 문제들은 기본적인 변수 할당, 다양한 자료형의 사용법, 그리고 기본적인 데이터 조작을 연습하는 데 도움이 될 것입니다.

문제 1: 변수 할당 및 출력

1. `name`이라는 변수에 당신의 이름을 문자열로 할당하세요.

2. age 라는 변수에 당신의 나이를 정수로 할당하세요.
3. height 라는 변수에 당신의 키를 미터 단위로 부동소수점으로 할당하세요.
4. 이 세 변수를 사용하여 "My name is [name], I am [age] years old, and my height is [height] meters."라는 문장을 출력하는 코드를 작성하세요.

챗GPT가 내준 문제를 같이 풀어볼까요? 먼저, 'name'이라는 변수에 이름을 문자열로 할당하는 것은 아래와 같이 하면 될 것 같습니다.

```
name = "윤근식"
```

앞서 말씀드렸듯이 문자열을 나타내기 위해서는 작은따옴표(' ')나 큰따옴표(" ")를 사용해야 한다는 점을 명심하세요. 마찬가지로 2번과 3번도 다음과 같이 코드를 쓰면 문제가 없을 것 같습니다.

```
age = 42
height = 1.80
```

하지만 마지막 4번이 어렵습니다. 앞선 세 변수를 "My name is [name], I am [age] years old, and my height is [height] meters." 라는 문장 안에 들어갈 수 있도록 해야 합니다. 우리가 아는 바에 따르면 출력하는 것은 print("출력할 내용")처럼 print( ) 함수를 쓰면 되는데 안에 변수의 내용을 넣고 출력하는 부분에 대해서는 잘 모르겠습니다. 이럴 경우 바로 챗GPT에게 힌트를 요청하세요.

Prompt 문제 1: 변수 할당 및 출력에서 4번 힌트를 줄래

문제 1의 4번 부분을 해결하기 위해선, 우선 name, age, height 변수에 각각 값을 할당해야 합니다. 그 후, 이 변수들을 사용하여 지성된 문장을 출력하는 코드를 작성할 수 있습니다. 파이썬에서 문자열 내에 변수 값을 포함시키려면 f-string이라는 기능을 사용할 수 있습니다. f-string은 문자열 앞에 f를 붙이고, 중괄호 {} 안에 변수 이름을 넣어 해당 변수의 값을 문자열에 포함시킬 수 있게 해줍니다.

힌트:

- 변수 name에는 당신의 이름을 문자열로 할당하세요.
- 변수 age에는 당신의 나이를 정수로 할당하세요.
- 변수 height에는 당신의 키를 부동소수점 숫자로 할당하세요.

문장 출력 예시 코드:

```python
# 변수 할당
name = "Alice"      # 여기서 "Alice" 대신 여러분의 이름을 사용하세요.
age = 30            # 여기서 30 대신 여러분의 나이를 사용하세요.
height = 1.75       # 여기서 1.75 대신 여러분의 키를 사용하세요.
# f-string을 사용하여 문장 출력
print(f"My name is {name}, I am {age} years old, and my height is
{height} meters.")
```

↖ 실제로 코드를 작성할 때는 한 줄로 써야 합니다.

이 코드는 name, age, height 변수의 값을 사용하여 "My name is [name], I am [age] years old, and my height is [height] meters."라는 형식의 문장을 출력합니다. [name], [age], [height] 부분은 각각 실제 변수에 할당된 값으로 대체됩니다.

챗GPT가 문자열 내에 변수 값을 포함시키는 방법을 알려주고 있습니다. print( ) 함수에서 괄호 안의 문자열 가장 앞에 'f'를 붙이고 변수에는 중괄호 '{ }'를 사용하면 되는군요!• 이제 답을 확인해 보겠습니다.

Prompt 문제 1: 변수 할당 및 출력 답을 알려줘.

문제 1번의 답안 예시는 다음과 같습니다. 이 예시에서는 가상의 이름, 나이, 키를 사용했습니다. 실제 답안 작성 시에는 여러분의 정보를 반영하여 변수에 값을 할당하세요.

답안 예시:

```python
# 변수 할당
name = "John"       # 'John' 대신 여러분의 이름을 사용하세요.
age = 25            # 25 대신 여러분의 나이를 사용하세요.
height = 1.80       # 1.80 대신 여러분의 키를 미터 단위로 사용하세요.

# f-string을 사용하여 문장 출력
print(f"My name is {name}, I am {age} years old, and my height is
{height} meters.")
```

↖ 실제로 코드를 작성할 때는 한 줄로 써야 합니다.

이 코드를 실행하면, 다음과 같은 출력 결과를 얻을 수 있습니다:

• 파이썬에서 f-string(형식화된 문자열 리터럴)은 파이썬 3.6 이상에서 도입된 기능으로, 문자열 내에 표현식을 삽입하여 보다 간결하고 직관적으로 문자열을 형식화할 수 있게 해줍니다. f-string을 사용하면 중괄호 { } 안에 직접 변수 이름이나 수식을 넣어 동적으로 문자열을 구성할 수 있습니다.

```csharp
My name is John, I am 25 years old, and my height is 1.8 meters.
```

이 예시에서 `f-string` 을 사용하여 변수 `name` , `age` , `height` 의 값을 문자열 내에 직접 삽입하고 있습니다. 이렇게 하면 변수의 값이 변할 때마다 출력되는 문자열도 동적으로 변경되어, 변수의 현재 값을 반영하게 됩니다.

챗GPT는 문제에 대한 가장 적합한 답안을 자세한 설명과 함께 제시해 주고 있습니다. 독자 여러분께서도 같이 한번 따라 해보시기 바랍니다. 앞서 강조했듯이 이해가 잘 안 되는 부분이 있다면 추가 질문을 통해 개념을 익혀 나가시기 바랍니다. 개념을 익힌 후에는 연습 문제를 요청하여 배운 개념을 꼭 확인해 보시기 바랍니다. 그리고 좀 더 수준 있는 문제를 원하시는 경우에는 "변수와 자료형 그리고 연산자에 대한 중급(고급) 문제를 내줘."라고 요청할 수도 있습니다. 이때 중요한 점은 독자 여러분들께서 스스로 질문하고 있다는 점입니다. 즉, 챗GPT에게 자료와 힌트를 요청하면서 본인의 힘으로 직접 문제를 풀고 있다는 점이 핵심입니다.

본 책에서는 파이썬의 변수와 자료형, 연산자에 대한 모든 내용을 담고 있지는 않습니다. 대신 이런 파이썬의 개념들에 대해 어떻게 공부해야 할지, 그리고 모르는 내용이 나온다면 어떻게 대처해야 할지에 대한 도움을 드리고 있습니다. 사실 두꺼운 개론서나 강의를 통해 파이썬의 자료형을 빠짐없이 공부하려면 꽤 많은 시간이 걸립니다. 그리고 강의 수강 이후 스스로 연습하지 않으면 금세 내용을 잊어버리기 마련입니다. 조금 부족하더라도 책이나 강의에만 의존하지 않고 스스로 질문하고 능동적으로 코드를 익혀나가는 힘을 기르는 것이 더욱 중요합니다.

1주 차 파이썬의 변수와 자료형 그리고 연산자는 이렇게 마무리하겠습니다. 2주 차부터는 데이터를 효율적으로 관리하기 위한 자료 구조－콜렉션 자료형에 대해 살펴보겠습니다. 첫째 주 정말 수고 많으셨습니다.

2주 차:
콜렉션 자료형(Collection Data Types): 리스트(list), 튜플(tuple), 사전(dictionary), 집합(set)

드디어 2주 차입니다. 2주 차 내용을 시작하기 앞서 지난주에 배운 것을 잠깐 떠올려볼까요? 1주 차에서는 변수와 자료형이 무엇인지 살펴보았습니다. 변수가 다양한 타입의 데이터를 저장할 수 있는 공간의 이름이라면 자료형은 정수형(int), 부동소수점형(float), 문자열(str)과 같이 변수에 저장된 데이터의 종류를 의미합니다. 또한 연산자의 의미와 다양한 연산자에 대해서도 알아보았습니다. 파이썬에서 연산자란 자료형을 지닌 값에 대해 계산이나 조작을 할 수 있게 해주는 특별한 기호를 말합니다. 대표적으로 산술연산자 덧셈 '+', 뺄셈 '-', 곱셈 '*', 나눗셈 '/' 등이 있습니다.

2주 차에는 1주 차 때 공부했던 자료형의 확장판 – 콜렉션* 자료형을 배우게 됩니다. 그렇다면 우리가 1주 차에 배운 자료형과

* 콜렉션(collection)은 '무리', '더미'의 뜻이 있습니다.

2주 차에 배울 자료형의 차이는 무엇일까요? 우리가 앞서 배운 자료형은 아래의 예시와 같이 개별 데이터의 타입을 정의하는 데 사용되었습니다.

```
fruit_1 = "apple"
fruit_2 = "banana"
fruit_3 = "peach"
```

하지만 이와 같은 방식을 계속 사용할 경우 변수값도 많아지고 반복되는 코드도 굉장히 많아질 것입니다. 컴퓨터는 반복되는 코드를 싫어하기 때문에 여러 개의 데이터를 효율적으로 관리하기 위한 새로운 자료형이 필요합니다. 위의 코드를 아래와 같이 줄여보는 것은 어떨까요? 훨씬 간편해졌죠?

```
fruits = ["apple", "banana", "peach"]
```
••

2주 차에 배울 콜렉션 자료형은 위 예시의 형태와 같이 다수의 데이터를 조직화하고, 관리하고, 처리하는 방법을 제공합니다. 챗GPT는 파이썬 콜렉션 자료형으로 리스트(list), 튜플(tuple), 사전(dictionary), 집합(set) 이렇게 네 가지를 제시하고 있습니다. 이 네 가지 자료형은 프로그래밍에서 데이터를 효율적으로 저장, 관리 및

•• 예시로 든 자료형은 리스트(list)입니다.

처리하는 데 필수적인 역할을 하기 때문에 이에 대한 이해는 매우 중요합니다. 다음과 같은 프롬프트를 통해 파이썬의 네 가지 콜렉션 자료형에 대해 조금 더 자세히 살펴보겠습니다.

Prompt 파이썬의 콜렉션 자료형을 예시와 함께 쉽고 자세하게 설명해줘.

파이썬의 콜렉션 자료형은 데이터를 효율적으로 관리하고 조작할 수 있도록 여러 가지 유형을 제공합니다. 여기에는 리스트(list), 튜플(tuple), 사전(dictionary), 집합(set)이 포함되며, 각각의 용도와 특징을 예시와 함께 자세하게 설명하겠습니다.

1. 리스트(List)

리스트는 여러 값을 순차적으로 저장하는 가장 일반적인 콜렉션 자료형입니다. 리스트는 다양한 데이터 타입을 포함할 수 있으며, 인덱스를 사용해 접근할 수 있습니다.

예시:

```python
fruits = ["apple", "banana", "cherry"]
print(fruits[1])  # 출력: banana
fruits.append("orange")  # 리스트에 orange 추가
print(fruits)  # 출력: ['apple', 'banana', 'cherry', 'orange']
```

2. 튜플(Tuple)

튜플은 리스트와 유사하지만, 한 번 생성되면 변경할 수 없는 불변(immutable) 속성을 가집니다. 이는 데이터가 실행 중에 변경되지 않도록 보장해야 할 때 유용합니다.

예시:

```python
coordinates = (10.0, 20.0)
print(coordinates[0])  # 출력: 10.0
# coordinates[0] = 15.0  # 이 코드는 에러를 발생시킴, 튜플은 변경
불가능
```

3. 사전(Dictionary)

사전은 키-값 쌍으로 데이터를 저장합니다. 각 키는 고유해야 하며, 이를 통해 데이터에 빠르게 접근 할 수 있습니다. 사전은 데이터베이스의 조회 작업을 수행하거나, 아이템에 빠르게 접근해야 할 때 매우 유용합니다.

예시:

```python
student_grades = {"Alice": 90, "Bob": 85, "Charlie": 92}
print(student_grades["Alice"])  # 출력: 90
student_grades["Alice"] = 95  # Alice의 점수를 95로 변경
print(student_grades)
 # 출력: {'Alice': 95, 'Bob': 85, 'Charlie': 92}
```

4. 집합(Set)

집합은 중복을 허용하지 않고 순서가 없는 데이터의 집합입니다. 이는 주로 데이터의 중복을 제거하거나, 두 집합 간의 수학적 연산(교집합, 합집합, 차집합)을 수행할 때 사용됩니다.

예시:

```python
a_set = {1, 2, 2, 3, 4}
print(a_set)  # 출력: {1, 2, 3, 4}
b_set = {3, 4, 5, 6}
print(a_set.union(b_set))  # 합집합 출력: {1, 2, 3, 4, 5, 6}
print(a_set.intersection(b_set))  # 교집합 출력: {3, 4}
```

각 콜렉션 자료형은 파이썬 프로그래밍에서 특정 상황에 맞게 데이터를 조직하고 처리하는 데 매우 중요하며, 상황에 따라 적절한 자료형을 선택하여 사용할 수 있습니다.

챗GPT의 대답을 바탕으로 네 가지 자료형에 대해 간단하게 살펴보겠습니다. 리스트(list)는 다양한 타입의 데이터를 순서대로 저장할 수 있는 가장 일반적인 자료형이고 대괄호 '[ ]'를 사용하여 표현합니다. 챗GPT는 리스트 자료형을 설명하며 "인덱스를 사용해 접근할 수 있습니다."라는 표현을 썼는데요. 이게 무슨 말일까요? '인덱스'가 무엇인지부터 물어보겠습니다.

Prompt 파이썬에서 인덱스가 무엇인지 초등학생에게 설명하듯이 쉽고 자세하게 설명해줘.

물론이죠! 파이썬에서 '인덱스'라는 것을 설명하려고 할 때, 아주 간단한 예를 사용할 수 있어요. 여기서 인덱스는 책의 목차와 비슷한 역할을 한답니다.

예를 들어, 책갈피를 책에 끼워서 우리가 원하는 페이지를 쉽게 찾듯이, 컴퓨터 프로그래밍에서도 인덱스를 사용해서 데이터의 특정 부분을 빠르게 찾을 수 있어요.

파이썬에서는 리스트라는 것을 많이 사용하는데요, 이 리스트는 여러 개의 항목이 순서대로 나열된 것입니다. 예를 들어, 동물 이름이 들어 있는 리스트가 있다고 해볼게요:

```python
animals = ["고양이", "개", "거북이", "토끼"]
```

이 리스트에서 각각의 동물 이름은 특정 위치에 있어요. 파이썬에서는 이 위치를 '인덱스'라고 부르는데, 인덱스는 0부터 시작해요. 그래서 '고양이'의 인덱스는 0, '개'의 인덱스는 1. '거북이'의 인덱스는 2, '토끼'의 인덱스는 3이 됩니다.

만약 우리가 '거북이'라는 단어를 빨리 찾고 싶다면, 인덱스 2를 사용하면 돼요:

```python
print(animals[2])
```

이렇게 하면 화면에 '거북이'라는 단어가 보일 거예요.

인덱스를 사용하면, 리스트 안에서 데이터를 정말 빠르게 찾을 수 있어서, 컴퓨터 프로그램을 더 효율적으로 만들 수 있답니다. 그래서 인덱스는 프로그래밍에서 아주 중요한 도구 중 하나예요!

챗GPT의 설명처럼 인덱스는 책의 목차와 같이 데이터의 특정 부분을 빠르게 찾기 위해 필요한 하나의 정보라고 생각하면 될 것 같습니다. 위의 예시에서 볼 수 있듯이 리스트의 인덱스는 0부터 시작합니다. 리스트 안의 특정 요소만 뽑아서 사용하려면 [ ] 안에 순번을 넣으면 됩니다. 따라서 animals = ["고양이", "개", "거북이", "토끼"]라는 리스트에서 “고양이”를 뽑고 싶으면 animals[0], “토끼”를 뽑고 싶으면 animals[3]을 쓰면 됩니다. 그리고 animals[0]에 있는 “고양이”를 “다람쥐”로 바꾸고 싶으면 animals[0] = "다람쥐"라고 써주면 됩니다. 참 쉽죠?

인덱스에 대한 설명을 통해 “인덱스를 사용해 접근할 수 있습니다.”가 무슨 의미인지 어느 정도 이해가 되었습니다. 리스트는 인덱싱(indexing)•을 통해 리스트 안의 특정 값을 뽑을 수도, 그 값을 삭제·수정할 수도 있습니다. 이렇게 인덱싱을 할 수 있게 만들기 위해서는 리스트 안에 존재하는 요소에 ‘순서’가 존재해야 합니다. 그리고 리스트는 ‘중복’도 허용합니다. 다시 말해 fruits = ["apple", "banana", "banana"]도 가능하다는 의미입니다.

리스트는 굉장히 유연하고 쓰임새가 많은 자료형입니다. 실제로 우리가 일상생활에서 많이 쓰는 리스트, 가령 ‘쇼핑 리스트’, ‘시험 끝나면 할 일 리스트’의 ‘리스트’와 가장 닮아있다고 할 수 있겠습니다. 이런 이유로 리스트는 네 가지 자료형 중에서도 가장 많이 사용되고 있습니다. 독자 여러분께서는 챗GPT 질의 응답을 통해

• 파이썬에서 ‘인덱싱(indexing)’은 컬렉션 내의 특정 위치에 있는 데이터에 접근하는 방법을 말합니다. 쉽게 말하면, 리스트, 문자열, 튜플 같은 순서가 있는 데이터 구조에서 특정 요소를 찾기 위해 위치 번호(인덱스)를 사용하는 것을 의미합니다.

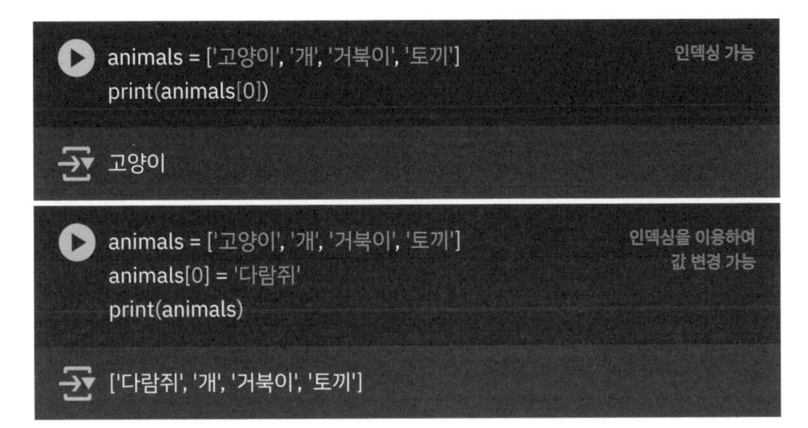

리스트의 속성

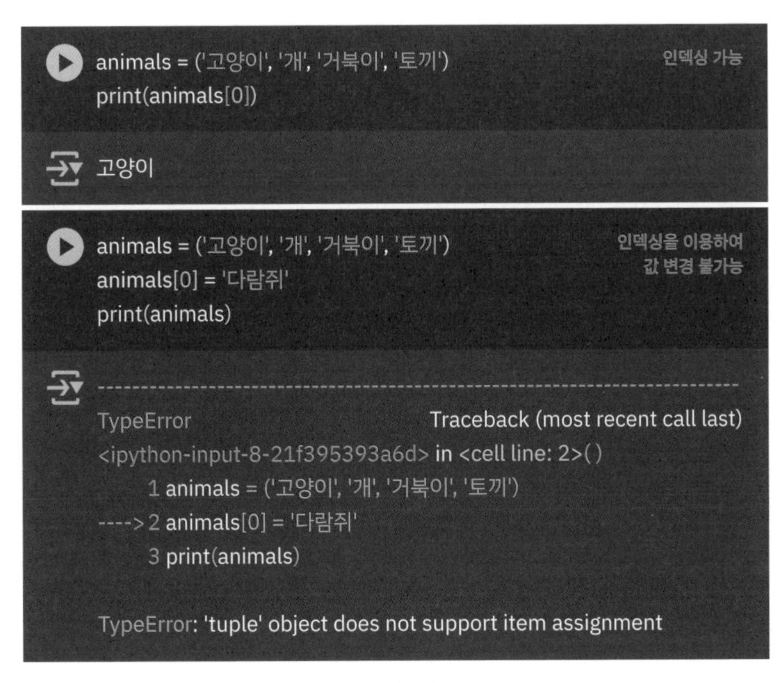

튜플의 속성

리스트의 추가, 삭제, 수정 등 다양한 기능에 대해서 추가로 공부하시기를 권장합니다.

다음으로는 튜플(tuple)에 대해서 살펴보겠습니다. 튜플은 소괄호 '( )'를 통해 표현됩니다. 순서가 있고 인덱싱을 통해 특정 요소를 뽑아낼 수 있다는 점에서 리스트와 유사하지만 인덱싱 후 값을 변경할 수는 없다는 특징을 가지고 있습니다. 즉, 한 번 생성되면 변경할 수 없는(immutable) 속성을 가지고 있습니다. 따라서 데이터가 실행 중에 바뀌지 않아야 하는 경우에 많이 사용됩니다.

다음으로 사전(dictionary)을 살펴보겠습니다. 사전은 중괄호 '{ }'를 통해 표현되며 말 그대로 사전과 같은 자료형입니다. 집에 있는 영어사전을 한번 떠올려보세요. 우리가 잘 알고 있듯이 각 항목의 왼쪽에는 영어 단어가 제시되고 그 영어 단어의 한글 의미가 오른쪽에 제시됩니다. 사전 자료형에서는 영어 단어에 해당하는 것을 '키(key)'라고 부르고, 한글 의미에 해당하는 것을 '값(value)'이라고 부릅니다. 키와 값은 하나의 짝꿍이라고 생각하시면 좋겠습니다. 또한 사전은 리스트나 튜플과 달리 숫자를 통해 인덱싱을 하지 않고 키로 인덱싱을 합니다. 챗GPT의 예시를 살펴보겠습니다.

'student_grades'라는 변수에는 학생들의 성적이 사전 형태로 들어 있습니다. 'Alice'는 90점, 'Bob'은 85점, 'Charlie'는 92점입니다. 여기서 이름에 해당하는 것이 키(key), 점수에 해당하는 것이 값(value)입니다. 'Alice'의 성적을 알고 싶은 경우 `student_grades["Alice"]`처럼 키(key)를 대괄호 안에 써주면 그 키에 해당하는 값을 알려줍니다. 물론 그 값을 출력하고 싶은 경우 `print(stud`

```
student_grades = {"Alice": 90, "Bob": 85, "Charlie": 92}
print(student_grades["Alice"])  #출력: 90
student_grades["Alice"] = 95  #Alice의 점수를 95로 변경
print(student_grades)  #출력: {'Alice': 95, 'Bob':85, 'Charlie':92}
```

사전 예시

```
my_list = [1, 2, 2, 3, 4, 4, 5]
my_set = set(my_list)
print(my_set)  #출력: {1, 2, 3, 4, 5}
```

집합 예시

ent_grades["Alice"])라고 작성하면 되겠습니다. 그리고 리스트와 같이 내부 요소를 바꿀 수도 있습니다. 만약 'Alice'의 점수가 95점으로 변경되었다면 student_grades["Alice"] = 95처럼 키를 써주고 새로운 값을 할당하면 됩니다.

마지막은 집합입니다. 우리가 수학 시간에 배웠던 그 집합과 유사합니다. 리스트, 튜플과 달리 순서도 없고 중복도 허용하지 않습니다. 주로 데이터의 중복을 제거하고 수학적 연산(교집합, 합집합, 차집합) 등을 수행할 때 많이 사용합니다. 집합은 중괄호 '{ }'를 통해 표현하거나 set( )이라는 함수 안에 리스트 자료형을 넣어서 만들어줄 수 있습니다.

위 예시에서 볼 수 있듯이 my_list는 중복이 있는 리스트 자료형입니다. 이를 set( )이라는 함수에 집어 넣으면, 중복이 제거되어 집합의 형태로 나타납니다. 집합에 대해 조금 더 자세히 살펴보겠습니다.

Prompt 파이썬 집합에 대해 선언부터 아주 쉽고 자세하게 설명해줘.

파이썬에서 집합(set)은 유일한 요소들로만 구성된 순서가 없는 컬렉션입니다. 집합은 중복된 요소를 허용하지 않기 때문에 주로 중복을 제거하거나 다양한 집합 연산을 수행할 때 사용됩니다. 이제 파이썬의 집합을 선언하는 방법부터 간단한 사용 예시까지 자세하게 설명하겠습니다.

집합 선언하기

집합을 생성하는 가장 기본적인 방법은 중괄호 `{}`를 사용하거나 `set()` 함수를 이용하는 것입니다. 중괄호를 사용할 때는 요소들을 직접 나열하고, `set()` 함수를 사용할 때는 반복 가능한(iterable) 객체를 인자로 넘겨줍니다.

중괄호를 사용한 집합 선언

```python
my_set = {1, 2, 3, 4, 5}
print(my_set)  # 출력: {1, 2, 3, 4, 5}
```

여기서 `{1, 2, 3, 4, 5}`는 중복 없이 각 숫자가 한 번씩만 포함된 집합입니다.

`set()` 함수를 사용한 집합 선언

```python
my_list = [1, 2, 2, 3, 4, 4, 5]
my_set = set(my_list)
print(my_set)  # 출력: {1, 2, 3, 4, 5}
```

`set()` 함수는 리스트 `my_list`를 받아 중복된 요소를 제거한 집합을 생성합니다.

집합의 기능과 연산

집합은 다양한 연산과 메소드를 제공하여 집합 간의 관계를 파악하고, 요소를 추가하거나 제거할 수 있습니다.

집합에 요소 추가

```python
my_set.add(6)  # 6을 집합에 추가
print(my_set)  # 출력: {1, 2, 3, 4, 5, 6}
```

집합에서 요소 제거

```python
my_set.remove(6)  # 6을 집합에서 제거
print(my_set)  # 출력: {1, 2, 3, 4, 5}
```

`remove( )` 메소드는 집합에서 해당 요소를 제거합니다. 만약 요소가 집합에 없다면, 에러가 발생합니다.

집합 연산

- 교집합(Intersection): 두 집합에 공통적으로 포함된 요소들의 집합을 반환합니다.
- 합집합(Union): 두 집합의 모든 요소를 포함하는 집합을 반환하되, 중복은 제거합니다.
- 차집합(Difference): 첫 번째 집합에는 포함되고, 두 번째 집합에는 포함되지 않은 요소들의 집합을 반환합니다.

```python
a = {1, 2, 3}
b = {3, 4, 5}

print(a.intersection(b))   # 교집합 출력: {3}
print(a.union(b))          # 합집합 출력: {1, 2, 3, 4, 5}
print(a.difference(b))     # 차집합 출력: {1, 2}
```

이처럼 집합은 데이터의 중복을 제거하고, 빠른 멤버십 테스트, 집합 연산 등을 수행할 때 매우 유용하며, 데이터 처리 작업에서 자주 사용됩니다.

위와 같은 챗GPT 프롬프트를 통해 집합에 요소를 추가하고 제거하는 방법, 교집합, 합집합, 차집합 등의 연산을 수행하는 방법 등을 쉽게 익힐 수 있습니다.

마지막으로 지금까지 살펴본 네 가지 자료형을 표로 간단히 정리해보겠습니다. 저는 각각의 자료형에 대해 내부에 순서가 보존되는지, 중복이 허용되는지, 수정이나 삭제가 가능한지를 기준으로 표를 작성해달라고 요청했습니다.

Prompt 파이썬의 네 가지 콜렉션 자료형인 리스트, 튜플, 사전, 집합을 쉽게 비교할 수 있도록 각각의 자료형에 대해 순서, 중복, 수정, 삭제 여부를 기준으로 간단한 설명과 사용 예시를 표로 만들어줘.

아래는 파이썬의 네 가지 주요 콜렉션 자료형인 리스트, 튜플, 사전, 집합의 특성을 순서, 중복, 수정, 삭제 여부를 기준으로 한 설명과 사용 예시를 포함한 표입니다. 이 표를 통해 각 자료형의 기능과 특징을 쉽게 비교할 수 있습니다.

아래는 파이썬의 네 가지 주요 콜렉션 자료형인 리스트, 튜플, 사전, 집합의 특성을 순서, 중복, 수정, 삭제 여부를 기준으로 한 설명과 사용 예시를 포함한 표입니다. 이 표를 통해 각 자료형의 기능과 특징을 쉽게 비교할 수 있습니다.

자료형	순서 보존	중복 허용	수정 가능	삭제 가능	설명	사용 예시
리스트	예	예	예	예	순서가 있는 컬렉션으로 다양한 요소를 포함할 수 있음	`fruits = ['apple', 'banana', 'cherry']`
튜플	예	예	아니요	아니요	순서가 있지만 한 번 생성되면 변환할 수 없는 컬렉션	`coordinates = (10.0, 20.0)`
사전	아니요 (3.7+부터 순서 유지)	키는 아니요, 값은 예	예	예	키와 값의 쌍으로 데이터를 저장, 키는 고유해야 함.	`student_grades = {'Alice': 90, 'Bob': 85}`
집합	아니요	아니요	예	예	중복 없이 유일한 요소만 포함하는 순서 없는 컬렉션.	`my_set = {1, 2, 3, 2}`

설명

- 순서 보존: 요소가 추가된 순서대로 데이터가 저장되는지 여부.
- 중복 허용: 같은 값을 여러 번 저장할 수 있는지 여부.
- 수정 가능: 요소를 변경할 수 있는지 여부.
- 삭제 가능: 요소를 삭제할 수 있는지 여부.

챗GPT의 도움으로 각각의 콜렉션 자료형에 대해 한결 쉽게 정리할 수 있었습니다. 자, 이제부터는 콜렉션 자료형의 이해를 도울 수 있는 연습 문제를 요청하고 풀어보겠습니다. 지면 관계상 리스트에 관한 문제만 살펴보도록 하겠습니다.

(Prompt) 파이썬 리스트에 대해 배웠는데, 리스트의 내용을 복습할 수 있는 연습 문제 세 개만 내줘.

리스트와 관련된 연습문제를 통해 파이썬 리스트의 기본적인 사용법과 메서드를 복습해보세요. 다음은 리스트를 사용하는 연습문제 세 가지입니다:

연습문제 1: 리스트 요소 추가 및 삭제

문제: 주어진 리스트에 새로운 요소 'Python'을 추가하고, 첫 번째 요소를 삭제한 후 최종 리스트를 출력하세요.

```python
languages = ["Java", "C", "C++"]
# 여기에 코드를 작성하십시오.
```

챗GPT가 제시하는 세 문제 중 1번 문제를 같이 살펴보겠습니다. 리스트 요소 추가와 삭제에 대해서 배운 적이 없으므로 모르는 것이 당연합니다. 답을 찾지 못하더라도 실망하지 마시고 챗GPT에게 힌트를 요청하시면 됩니다. 저는 연습 문제 1번 리스트 요소 추가 및 삭제에 대한 답을 요청하겠습니다.

(Prompt) 연습 문제 1번: 리스트 요소 추가 및 삭제 답을 알려줘.

연습문제 1번에 대한 해결 방법은 다음과 같습니다. 리스트에 새로운 요소를 추가하기 위해서는 append( ) 메서드를 사용할 수 있고, 리스트의 특정 요소를 삭제하기 위해서는 del 키워드 또는 pop( ) 메서드를 사용할 수 있습니다. 문제의 요구사항에 따라 'Python'을 추가하고 첫 번째 요소를 삭제하는 코드는 다음과 같습니다.

```python
languages = ["Java", "C", "C++"]

# 리스트에 'Python' 추가
languages.append("Python")

# 첫 번째 요소 삭제
del languages[0]  # 또는 languages.pop(0)을 사용할 수 있습니다.

# 최종 리스트 출력
print(languages)
```

이 코드를 실행하면, 최초의 ["Java", "C", "C++"] 리스트에 'Python'이 추가되어 ["Java", "C", "C++", "Python"] 이 되고, 첫 번째 요소인 'Java'가 삭제되어 최종적으로 ["C", "C++", "Python"] 이 출력됩니다.

챗GPT가 답을 제시하며 리스트에 여러 요소를 추가하고 삭제하는 방법을 자세히 안내하고 있습니다. 기존 리스트에 요소를 더하려면 append( )를 사용하고 삭제하려면 del 키워드를 사용하라고 알려주고 있습니다. 독자 여러분께서는 챗GPT가 제시하는 다른 연습 문제도 풀어보시기를 바랍니다. 이번 주에 다룬 네 가지 콜렉션 자료형: 리스트, 튜플, 사전, 집합에 대해서는 손에 익을 때까지 여러 번 반복해서 문제를 풀어보는 것이 중요합니다. 특히 초보자들에게 리스트는 쓰임새가 매우 많은 자료형이니 잘 알아두시면 좋겠습니다.

아래는 실제로 리스트를 공부하면서 제가 썼던 프롬프트(질문)입니다. 사실 조금 어려운 문제를 요청하면 조건문과 반복문 등 현재까지 배운 범위를 넘어서는 개념을 묻는 질문이 나오기도 합니다. 모르면 모르는 대로 읽어보고 리스트의 구조에 익숙해지도록 노력해 보세요. 나중에 좀 더 많은 개념을 익히게 되면 지금 이해하지 못했던 코드들도 친근해지는 순간이 반드시 찾아오게 됩니다.

프롬프트 예시

(Prompt) 리스트 추가 및 삭제에 대한 다른 연습 문제를 내줘.
(Prompt) append에 대해서 예시와 함께 자세히 알려줘.
(Prompt) del과 pop의 차이점이 뭐야? 예시와 함께 자세히 알려줘.
(Prompt) 리스트에 대해 조금 어려운 문제를 내줘.

지금까지 파이썬의 가장 기본적인 변수, 자료형, 연산자 그리고 리스트, 튜플, 사전, 집합을 배웠습니다. 3주 차부터는 실전 프로그래밍에서 가장 많이 사용되는 제어문에 대해 배우겠습니다. 제어문은 프로그램의 흐름을 제어하는 구문으로 프로그램을 특정 조건에 따라 다르게 동작하도록 만들 때 사용됩니다. 우리는 제어문 중 가장 중요한 조건문과 반복문을 주로 살펴볼 것입니다. 2주 차, 수고 많으셨습니다!

3주 차:
조건문(Conditional Statements)

드디어 3주 차입니다. 지난주 차에 다룬 내용을 잠깐 살펴볼까요? 2주 차에는 다수의 데이터를 조직화하고, 관리하고, 처리하는 방법을 배웠습니다. 바로 파이썬 콜렉션 자료형 네 가지—리스트(list), 튜플(tuple), 사전(dictionary), 집합(set)이었습니다. 여러 번 말씀드린 대로 각각의 자료형에 대해 충실한 복습이 꼭 필요합니다. 특히 각 자료형의 특징이나 요소를 추가, 삭제, 수정하는 방법에 대해서는 연습을 통해 익숙해져야 합니다.

이번 3주 차에 배울 것은 바로 조건문(Conditional Statements)입니다. 조건문은 특정 조건에 따라 다르게 동작하도록 프로그래밍을 하고 싶을 때 사용합니다. 다음과 같이 챗GPT에게 물어보도록 하겠습니다.

Prompt 파이썬 조건문을 자세한 예시와 함께 설명해줘.

파이썬의 조건문은 프로그램의 흐름을 조건에 따라 제어하는데 사용됩니다. 조건문에는 `if`, `elif`, `else` 세 가지 키워드가 사용되며, 이를 조합하여 복잡한 조건 로직을 구현할 수 있습니다. 아래에 파이썬의 조건문 사용법을 자세한 예시와 함께 설명드리겠습니다.

1. 기본 `if` 문

`if` 문은 특정 조건이 참(True)인 경우에만 실행되는 코드 블록을 정의합니다. 조건이 거짓(False)이면 `if` 블록은 실행되지 않습니다.

```python
age = 20
if age >= 18:
    print("성인입니다.")
```

위 예제에서 `age` 변수가 18 이상일 경우만 "성인입니다."라는 메시지를 출력합니다.

2. `if-else` 문

`if` 문만으로는 조건이 거짓일 때 실행할 동작을 지정할 수 없습니다. 이를 위해 `else` 문을 사용할 수 있습니다.

```python
age = 16
if age >= 18:
    print("성인입니다.")
else:
    print("미성년자입니다.")
```

여기서 age 변수가 18 미만이면 "미성년자입니다."라는 메시지가 출력됩니다.

3. if-elif-else 문

여러 조건을 체크해야 할 경우 elif (else if의 줄임말)를 사용할 수 있습니다. 이는 첫 번째 if 조건이 거짓일 때 평가되고, 추가적인 조건을 체크하게 해줍니다.

```python
score = 75
if score >= 90:
    print("A등급")
elif score >= 80:
    print("B등급")
elif score >= 70:
    print("C등급")
else:
    print("C등급 이하")
```

이 코드에서는 점수(score)에 따라 다른 등급을 출력합니다. score 가 90 이상이면 "A등급", 80 이상 90 미만이면 "B등급", 70 이상 80 미만이면 "C등급", 그 이하면 "C등급 이하"를 출력합니다.

파이썬의 조건문은 크게 'if', 'elif', 그리고 'else' 세 가지로 나눠져 있습니다. 영어로 'if'는 '만약에', 그리고 'else'는 '또[그 밖에] 다른'이라는 뜻이지요? 조건문의 해석은 학창시절 배운 영어 if문의 해석과 아주 유사합니다. 먼저, if만 있는 기본 if문은 if 이하의 조건이 참이 되는 경우만 실행이 됩니다. 거짓일 경우는 아무것도 실행하지 않습니다, 두 번째로 if-else문의 경우를 살펴봅시다. if-else문의 경우 if 이하의 조건이 참이라면 바로 아래의 것(들여쓰기가 되어 있는 부분)을 실행하고, 조건이 거짓이라면 'else' 아래의 코드(역시 들여쓰기가 되어 있음)를 실행합니다. 마지막 if-elif-else문은 if-else문에서 조금 더 확장된 것인데, 여러 조건을 체크해야 하는 경우 사용합니다. 여기서 'elif'는 영어 사전에는 없는 단어지만 'else if'의 줄임말로 사용됩니다. elif는 첫 번째 if 문의 조건이 거짓(False)일 때 추가적인 조건을 검사하라는 의미입니다.

if-elif-else문을 챗GPT가 제시한 예시를 통해 자세히 살펴보겠습니다. 먼저, 점수를 저장하는 변수 'score'를 선언하고 75라는 정수를 할당했습니다. 그리고 if문을 통해 score 변수에 할당된 데이터가 90점 이상인지 연산자(>=)를 통해 평가했습니다. 그리고 만약 score가 90점 이상이라면(앞의 조건이 참이라면) "A등급"을 출력하라는 명령어 `print("A등급")`를 넣었습니다. 그리고 'elif'라는 키워드를 통해 첫 번째 if 조건이 거짓일 때 검사되는 조건을 주고 있습니다. 즉, 첫 번째 조건인 score가 90점 이상이 아닐 경우, score 값이 80 이상인지를 평가하라는 것입니다. 그리고 다음 줄에서 이것이 참일 경우(score가 90점 이상은 아니지만 80점 이상일 경우) "B등급"을 출력하라는 명령어를 주고 있습니다. 마찬가지로 score가 80점 이상이 아닐 때 다시 이것이 70점 이상인지를 평가하고 참일 경우 "C등급"을 출력합니다. 그리고 마지막에는 else라는 키워드를 통해 앞의 모든 조건이 거짓일 경우 동작하는 명령어("C등급 이하"를 출력)를 제시하고 있습니다.

독자 여러분께서 거의 처음 만나는 본격적인 파이썬 코드이기 때문에 처음에는 어려울 수 있습니다. 만약 elif, else라는 키워드에 대해 조금 더 알고 싶은 경우 "elif가 뭐야?" 혹은 "조건문의 else에 대해 자세히 설명해줘."와 같은 프롬프트를 통해 각 키워드에 대한 상세한 설명을 요청할 수 있습니다. 저는 제가 이해한 코드의 내용이 맞는지 확인하고 예시로 제시된 if-elif-else문에 대해 자세한 설명을 요청하고자 다음과 같은 프롬프트를 활용했습니다.

(Prompt) 3. if-elif-else문의 예시 코드에 대해 주석을 달아서 설명해줘.

아래는 파이썬에서 if-elif-else 구문을 사용하는 예시 코드에 주석을 추가하여 각 부분이 어떤 역할을 하는지 설명한 것입니다.

```python
# 점수를 저장하는 변수 score를 정의하고 75로 초기화합니다.
score = 75

# score의 값이 90 이상인지 평가합니다.
if score >= 90:
    print("A등급")
    # 만약 score가 90 이상이라면 "A등급"을 출력합니다.

# 첫 번째 조건이 거짓이고 score의 값이 80 이상인지 평가합니다.
elif score >= 80:
    print("B등급")
    # 만약 score가 80 이상 90 미만이라면 "B등급"을 출력합니다.

# 두 번째 조건도 거짓이고 score의 값이 70 이상인지 평가합니다.
elif score >= 70:
    print("C등급")
    # 만약 score가 70 이상 80 미만이라면 "C등급"을  출력합니다.
```

```
# 모든 조건이 거짓일 때 실행됩니다.
else:
    print("C등급 이하")
    # 만약 score가 70 미만이라면 "C등급 이하"를  출력합니다.
```

이 코드는 점수(score)에 따라 학생의 성적 등급을 출력하는 프로그램의 일부입니다. 각 조건문은 서로 배타적으로 실행되며, 하나의 조건이 참이면 해당 블록의 코드가 실행되고 나머지 조건은 평가되지 않습니다. 이를 통해 여러 가능한 조건 중 하나를 선택하여 실행할 수 있습니다.

챗GPT가 예시 코드의 각 라인별로 아주 자세한 주석을 달아주었습니다. 독자 여러분께서도 혹시 이해가 어려운 코드가 있다면 챗GPT에게 주석을 요청해 보세요. 다소 복잡한 코드도 자세한 주석을 통해 쉽게 이해할 수 있을 것입니다.

그런데 조건문을 자세히 살펴보니 if문 끝에는 콜론(:)이 그리고 if문의 다음 줄은 들여쓰기가 되어 있는 것을 알 수 있습니다. 조건문이 무엇인지 알았으니 실제로 사용하기에 앞서 조건문의 문법에 대해 조금 더 알 필요가 있을 것 같습니다. 그래서 저는 다음과 같이 챗GPT에게 질문했습니다.

Prompt if문의 문법에 대해서 자세히 알려줘.

`if` 문은 파이썬에서 조건에 따라 코드를 실행할 때 사용하는 기본적인 조건문입니다. `if` 문의 문법은 상당히 간단하며 몇 가지 주요 요소로 구성됩니다.

1. 기본 문법

if 문은 다음과 같은 형식을 따릅니다:

```python
if 조건:
    # 조건이 참(True)일 때 실행할 코드
```

- 조건: 이 부분에는 참 또는 거짓의 값을 갖는 표현식이 들어갑니다. 이 조건이 참일 경우, if 블록의 코드가 실행됩니다.
- 콜론(:): if 문의 조건 뒤에는 반드시 콜론이 필요합니다. 콜론은 파이썬에게 조건문의 시작을 알립니다.
- 들여쓰기: 파이썬에서는 들여쓰기가 매우 중요합니다. if 문 아래에 오는 코드 블록은 모두 동일한 수준으로 들여써야 합니다. 이 들여쓰기는 파이썬에게 어떤 코드가 if 문의 일부인지를 알려줍니다.

챗GPT가 조건문을 쓸 때 가장 중요한 형식적인 특성에 대해 잘 알려주었습니다. 이때까지 코드를 자세히 보신 독자 여러분께서는 눈치채셨겠지만 파이썬 조건문에서 'if', 'elif', 'else' 키워드 다음에는 콜론(:)을 사용합니다. if문의 끝에 콜론을 빠뜨릴 경우 코랩에서 항상 `SyntaxError: invalid syntax`라는 에러 메시지를 보게 될 것입니다. 그리고 조건이 참이나 거짓일 때 실행되는 코드에는 들여쓰기가 필요합니다.• 또한 같은 블록의 코드를 쓸 때는 동일한 수준의 들여쓰기가 필요하다는 점도 알 수 있었습니다. 이제 가장 기본

• 통상 들여쓰기를 할 때는 키보드의 'tab'키를 누르시면 됩니다. 구글 코랩에서는 if문에 콜론(:)을 하고 엔터를 치면 자동으로 들여쓰기가 완성됩니다.

적인 개념을 살펴보았으니 간단한 연습 문제를 통해 복습을 해보도록 하겠습니다.

Prompt 조건문에 대한 초급 수준의 연습 문제 세 개만 내줘.

조건문을 연습하기에 좋은 초급 수준의 문제를 몇 개 제안해 드리겠습니다. 여기서 사용되는 조건문은 'if', 'elif', 'else' 구조를 포함할 수 있습니다.

1. 최소한의 요구사항 충족하기

- 사용자에게 점수(0에서 100 사이)를 입력받습니다.
- 점수가 90 이상이면 "A등급입니다."를 출력합니다.
- 점수가 80 이상 90 미만이면 "B등급입니다."를 출력합니다.
- 점수가 70 이상 80 미만이면 "C등급입니다."를 출력합니다.
- 그 외의 점수는 "D등급입니다."를 출력합니다.

2. 짝수와 홀수 판별하기

- 사용자에게 정수를 입력받습니다.
- 입력받은 수가 짝수라면 "짝수입니다."를 출력합니다.
- 입력받은 수가 홀수라면 "홀수입니다."를 출력합니다.

3. 온도에 따른 활동 추천하기

- 사용자에게 현재 온도를 입력받습니다.
- 온도가 25도 이상이면 "수영하기 좋은 날씨입니다."를 출력합니다.
- 온도가 10도 이상 25도 미만이면 "산책하기 좋은 날씨입니다."를 출력합니다.
- 온도가 10도 미만이면 "따뜻하게 입고 나가세요!"를 출력합니다.

이 문제들은 기본적인 조건문 사용법을 익히고, 다양한 조건에 따라 다른 행동을 취할 수 있는 프로그램을 작성하는 데 도움을 줄 것입니다.

자, 이제 코랩을 켜서 챗GPT에게 추천받은 문제를 하나씩 풀어보도록 하겠습니다. 지면 관계상 문제 3번 '온도에 따른 활동 추천하기'만 풀어보겠습니다. 나머지 문제들도 꼭 풀어보고 답도 확인해 보시기를 바랍니다. 문제를 받고 읽어보니 이제까지 우리가 배우지 못한 내용이 하나 있습니다. 바로 사용자로부터 문자열을 입력 받아야 한다는 내용입니다. 도대체 우리는 어떻게 사용자에게 입력을 받을까요? 다시 챗GPT에게 물어보겠습니다.

(Prompt) 파이썬에서 사용자 입력을 받으려면 어떻게 해?

파이썬에서 사용자의 입력을 받기 위해서는 input( ) 함수를 사용할 수 있습니다. 이 함수는 사용자로부터 입력된 값을 문자열로 반환합니다. 예를 들어, 사용자의 이름을 입력 받고 싶다면 다음과 같은 코드를 사용할 수 있습니다:

```python
name = input("이름을 입력하세요: ")
print(f"안녕하세요, {name}님!")
```

위 코드에서 input( ) 함수는 사용자에게 "이름을 입력하세요: "라는 메시지를 보여주고, 사용자가 입력한 값을 변수 name에 저장합니다. 그리고 print( ) 함수를 이용해 환영 메시지를 출력합니다.

챗GPT의 답변에 따르면 사용자 입력을 받기 위해서는 input( ) 함수를 사용해야 한다고 합니다. 먼저 input( ) 함수에 들어온 문자열을 받을 변수를 하나 써 주고(예문에서는 'name') input( ) 함수 안에는 사용자에게 보여줄 문구(예문에서는 "이름을 입력하세요: ")를 쓰면 될 것 같네요. 코드를 실행해 보면 사용자에게 “이름을 입력하세요: ”라고 묻고 사용자가 입력한 이름을 ‘name’이라는 변수에 할당하게 됩니다. 우리도 3번 문제를 풀면서 이 방법을 그대로 따라 사용해 보겠습니다.

우선 사용자에게 받을 온도를 저장할 변수 이름을 만들어보겠습니다. ‘temp’는 어떨까요? 영어로 온도를 나타내는 ‘temperature’의 줄인 버전이라고 할 수 있겠습니다.• 다음으로 `input( )` 함수 안에 “온도를 알려주세요.”라는 문구를 써서 사용자에게 입력을 받고, 그것을 변수 temp에 할당하면 되겠습니다. 말은 어려워 보이지만 결국 `temp = input("온도를 알려주세요.")`를 풀어서 쓴 것입니다. 그리고 우리가 배운 것과 같이 temp가 25도 이상`(temp >= 25)`이면 “수영하기 좋은 날씨입니다.”를 출력하고, temp가 10도 이상 25도 미만이면`(temp >= 10 & temp < 25)` “산책하기 좋은 날씨입니다.”를 출력합니다. 마지막으로 두 경우에 해당하지 않으면(else) “따뜻하게 입고 나가세요!”라고 출력하게 코드를 짜 보았습니다. 그리고 두근두근하는 마음으로 코랩에서 Ctrl+Enter 키를 눌러 보았습니다. 왼쪽 상단의 버튼이 으로 바뀌면서 드디어 “저에게 온도를 알려주세요.”라고 메시지를 출력했습니다.

• 사실 직관적이고 좋은 변수명을 만드는 것은 좋은 프로그래머의 덕목 중 하나입니다. 특히 많은 사람이 동시에 한 프로젝트를 수행할 때 변수명을 그 변수의 특징을 잘 보여주는 것으로 만들면 코드 이해에 큰 도움이 됩니다.

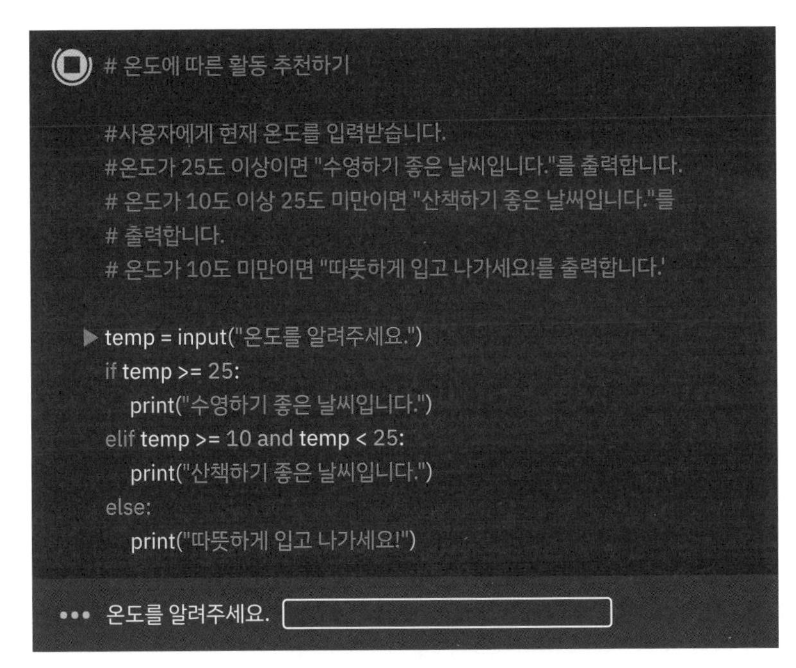

온도에 따른 활동 추천하기 코드

저는 먼저 30을 넣어보았습니다. 그랬더니 아래와 같이 오류 메시지가 떴습니다.

```
# 온도에 따른 활동 추천하기

#사용자에게 현재 온도를 입력받습니다.
#온도가 25도 이상이면 "수영하기 좋은 날씨입니다."를 출력합니다.
# 온도가 10도 이상 25도 미만이면 "산책하기 좋은 날씨입니다."를
# 출력합니다.
# 온도가 10도 미만이면 "따뜻하게 입고 나가세요!를 출력합니다.'

temp = input("온도를 알려주세요.")
if temp >= 25:
   print("수영하기 좋은 날씨입니다.")
elif temp >= 10 and temp < 25:
   print("산책하기 좋은 날씨입니다.")
else:
   print("따뜻하게 입고 나가세요!")
```

```
온도를 알려주세요. 30
---------------------------------------------------------------------------
TypeError                                 Tracebock (most recent call last)
<ipython-input-3-a9b30a742127> in <cell line: 9>()
      7
      8 temp = input("온도를 알려주세요.")
----> 9 if temp >= 25:
     10   print("수영하기 좋은 날씨입니다.")
     11 elif temp >= 10 and temp < 25:

TypeError: '>=' not supported between instances of 'str' and 'int'
```

코드 오류 메시지

오류 메시지를 살펴보면 문제가 있는 행과 에러의 이유를 알려주고 있습니다. 현재 문제가 생긴 곳은 아홉 번째 줄이고 에러는 '>=' not supported between instances of 'str' and 'int'라고 나와 있습니다. 이게 도대체 무슨 말일까요? 우리는 24시간 우리를 도와주는 코딩 과외 선생님이 있으니 그 선생님에게 질문을 해보겠습니다.

(Prompt) 답을 알려주지 말고 다음 코드에 어떤 문제가 있는지를 알려줘.

```
temp = input("온도를 알려주세요. ")
if temp >= 25:
  print("수영하기 좋은 날씨입니다.")
elif temp >= 10 and temp < 25:
  print("산책하기 좋은 날씨입니다.")
else:
  print("따뜻하게 입고 나가세요!")
```

이 코드에는 입력 받은 온도(temp)를 숫자로 처리하지 않는 문제가 있습니다. input 함수는 사용자로부터 입력을 문자열로 받아오기 때문에, 이를 숫자로 비교하기 전에 숫자 타입으로 변환해야 합니다. 따라서 int( ) 또는 float( ) 함수를 사용하여 입력 값을 숫자로 변환해야 합니다. 그렇지 않으면 문자열과 숫자를 비교하는 과정에서 오류가 발생할 수 있습니다.

챗GPT에게 답이 아니라 제가 작성한 코드에 어떤 문제가 있는지만 물어보았습니다. 챗GPT는 제가 input( ) 함수를 통해 사용자로부터 입력을 받은 자료형이 문자열(str)이기 때문에 이것을 계산에 이용하려면 정수형(int)이나 실수형(float)으로 바꾸어야 한다고 알려주고 있습니다. 지난 번에 배운 자료형 변환에 관한 내용이군요! 이런 피드백을 받은 후 저는 다음과 같이 모든 'temp' 변수를 형변환을 통해 정수형으로 변환하여 다시 시도해 보았습니다.

역시 답은 잘 나왔습니다. 제가 temp에 30을 넣었을 때 먼저 inp

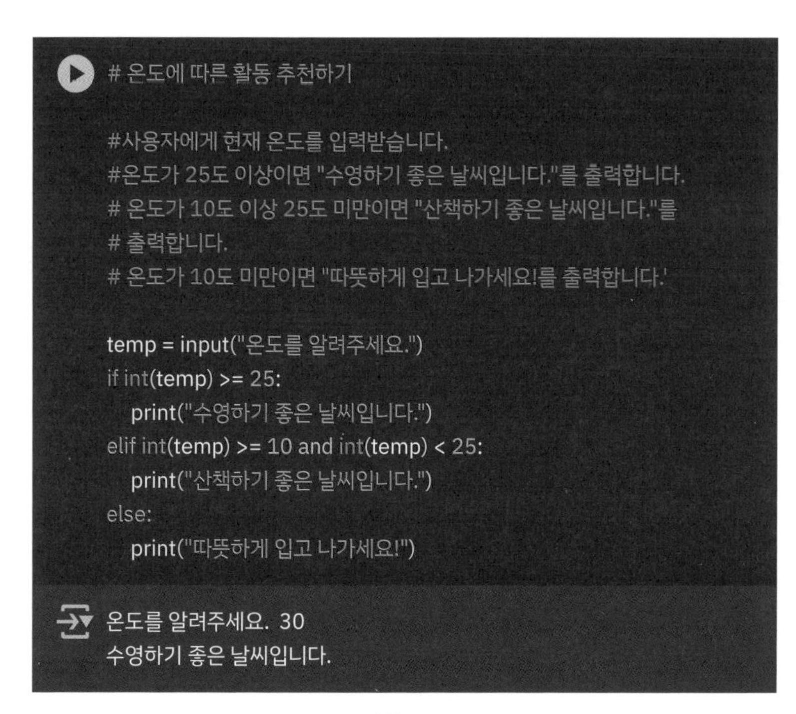

수정 코드

ut( ) 함수로 받은 문자열 '30'을 int(temp)라는 형변환을 통해 정수형 30으로 만들어 주었습니다. 이것을 25와 비교하여 참이라고 평가한 후 "수영하기 좋은 날씨입니다."라는 메시지를 출력해 주었습니다. 드디어 문제를 해결했습니다!

저는 문제를 해결한 후 한 가지 의문이 들었습니다. 제가 지금까지 쓴 코드가 좋은 코드인지, 아니면 더 좋은 방식으로 코드를 향상시킬 수 있는지 궁금했습니다. 그래서 챗GPT에게 이렇게 물어보았습니다.

Prompt 다음은 내가 쓴 코드인데 더 좋은 방식으로 코드를 향상시킬 수 있을까?

```
temp = input("온도를 알려주세요. ")
if int(temp) >= 25:
    print("수영하기 좋은 날씨입니다.")
elif int(temp) >= 10 and int(temp) < 25:
    print("산책하기 좋은 날씨입니다.")
else:
    print("따뜻하게 입고 나가세요!")
```

코드를 더 깔끔하고 효율적으로 만들기 위한 몇 가지 개선 방안을 제안할 수 있습니다. 다음은 그 방법들 중 일부입니다:

1. 변수 변환 최소화: temp를 입력 받은 후 바로 정수형으로 변환하여 변수에 저장하면, 코드에서 여러 번 int()를 호출하는 것을 방지할 수 있습니다.
2. 조건문 간소화: elif 조건에서 temp < 25는 이미 첫 번째 if 조건이 temp >= 25가 아니었을 경우에만 평가되므로, temp >= 10만 검사하면 충분합니다.
3. 명확한 주석 추가: 코드의 가독성을 높이기 위해 각 부분에 대한 주석을 명확하게 작성하는 것이 좋습니다.

개선된 코드 예시는 다음과 같습니다:

```python
# 온도에 따른 활동 추천 프로그램
temp = int(input("온도를 알려주세요: "))
# 사용자로부터 온도를 입력받고 정수형으로 변환합니다.

if temp >= 25:
    print("수영하기 좋은 날씨입니다.") # 온도가 25도 이상인 경우
elif temp >= 10:
    print("산책하기 좋은 날씨입니다.")
# 온도가 10도 이상 25도 미만인 경우
```

```
else:
    print("따뜻하게 입고 나가세요!")  # 그 외의 경우 (온도가 10도 미만)
```

이렇게 코드를 작성하면 변환 작업을 최소화하고, 조건 검사도 더 효율적으로 할 수 있습니다.

챗GPT가 저의 코드에 대해서 위의 세 가지 사항을 제안해 주었습니다. 먼저 temp 변수 전체에 계속 `int()`를 붙여 형변환을 하는 것이 아니라 temp를 입력받은 후 바로 정수형으로 변환하여 변수에 저장하는 것입니다. 지금은 코드가 짧아서 괜찮지만 저의 방식대로 temp를 찾아 모두 형변환을 할 경우 여러 temp 중 하나라도 `int()`를 붙이지 않으면 오류가 날 수 있기 때문에 챗GPT의 방식이 훨씬 더 좋은 것 같습니다. 그래서 `temp = int(input("온도를 알려주세요: "))`와 같이 수정해 주는 것이 좋겠습니다.

두 번째로는 조건문을 좀 더 간소화할 수 있는 방법을 알려주었습니다. 즉, elif 조건에서 `temp < 25`는 이미 첫 번째 if 조건이 `temp >= 25`가 아니었을 경우에만 평가되므로, 굳이 `temp < 25`를 쓸 필요가 없이 `temp >= 10`만 검사하면 충분합니다.

마지막으로는 코드의 가독성을 높이기 위해 각 부분에 대한 주석을 명확하게 작성하라고 조언을 해주었습니다. 그리고 이런 조언을 바탕으로 개선된 코드도 알려주었습니다.

저의 코드가 처음보다 훨씬 더 좋아졌습니다. 사실 문제를 해결하는 방법은 한 가지만 있는 것이 아닙니다. 제가 했던 것처럼 독자 여러분께서도 문제를 푸신 후 챗GPT에게 다양한 방식의 정답을 요청해 보세요. 간단한 코드는 크게 상관없겠지만, 코드가 길고 복잡해질수록 시간 복잡도(Time Complexity)와 공간 복잡도(Space Complexity)•를 고려하여 가장 효율적인 코드를 찾는 것이 더욱 중요해집니다. 즉, 같은 문제를 해결하더라도 컴퓨터가 더 짧은 시간에 더 작은 메모리를 사용하여 문제를 해결하는 방법을 찾는 것이 좋다는 뜻입니다. 독자 여러분이 짠 코드와 챗GPT가 제시하는 다양한 코드를 본 후 더 나은 코드가 무엇인지 살펴보세요. 이러한 시간이 축적되어야 더 나은 프로그램을 작성할 수 있습니다.

조건문에 대해 세 가지 연습 문제를 다 풀었다면 독자 여러분께서는 챗GPT에게 초급 추가 문제를 요구하거나 중급 수준의 문제를 요청해 보세요. 그리고 적극적으로 힌트를 요청하시고 더 나은 코드를 제안 받아보세요. 중요한 점은 능동적으로 문제를 해결해 나가려는 의지입니다. 3주 차에는 제어문의 가장 중요한 부분 중 하나인 조건문을 다루었습니다. 4주 차에는 반복문에 대해 알아보도록 하겠습니다. 수고 많으셨습니다!

• 프로그래밍에서 시간 복잡도와 공간 복잡도는 알고리즘의 효율성을 평가하는 중요한 지표입니다. 시간 복잡도는 알고리즘이 문제를 해결하는 데 필요한 시간이 입력의 크기에 따라 어떻게 변하는지를 나타내고 공간 복잡도는 알고리즘이 실행되는 동안 필요한 메모리 공간의 양을 나타냅니다.

4주 차:
반복문(Iterations)

지난 3주 차에는 조건문에 대해서 살펴보았습니다. 가장 대표적으로 if-elif-else문 기억나시죠? if문 이하의 조건이 참(True)이면 if 블록의 코드가 실행되고, if 조건이 거짓(False)인 경우 elif(else if)문을 통해 추가로 조건이 평가됩니다. 여러 개의 elif 조건이 있을 수 있으며, 각각을 순서대로 평가하여 어떤 elif 조건이 참이면, 해당 elif 블록의 코드가 실행됩니다. 마지막 else문은 모든 if 및 elif 조건들이 거짓일 때 실행되는 부분입니다. 이런 간단한 제어문을 통해 우리는 프로그램의 흐름을 다양한 조건에 따라 다르게 나눌 수 있으며 제어문을 중첩해 복잡한 구조의 프로그램도 효율적으로 작성할 수 있습니다. 이번 주에는 제어문 중 하나인 반복문에 대해서 다룰 것인데요. 먼저, 반복문이 무엇인지 개념부터 확인하겠습니다.

(Prompt) 파이썬 반복문이 무엇인지 예시와 함께 아주 쉽고 자세하게 설명해줘.

파이썬에서 반복문은 코드를 여러 번 실행할 수 있게 해주는 구조입니다. 파이썬에는 주로 두 종류의 반복문이 있습니다: for 반복문과 while 반복문입니다. 이 두 구조를 사용하여 특정 조건에 따라 코드 블록을 반복적으로 실행할 수 있습니다.

1. for 반복문

for 반복문은 정해진 범위나 시퀀스(리스트, 튜플, 문자열 등)를 통해 반복 실행을 합니다. 각 반복마다 시퀀스의 다음 항목을 가져와 해당 항목에 대해 코드 블록을 실행합니다.

예시: 숫자 리스트를 순회하며 출력하기

```python
numbers = [1, 2, 3, 4, 5]
for number in numbers:
    print(number)
```

이 코드는 numbers 리스트의 각 요소를 number 변수에 할당하고, 할당된 값을 출력합니다. 결과적으로 숫자 1부터 5까지 차례대로 출력됩니다.

2. while 반복문

while 반복문은 주어진 조건이 참(True)인 동안 코드 블록을 계속 실행합니다. 조건이 거짓(False)가 되면 반복이 중단됩니다.

예시: 특정 조건까지 카운트하는 프로그램

```python
count = 1
while count <= 5:
    print(count)
    count += 1
```

이 코드는 `count` 변수가 5 이하인 동안 반복을 수행합니다. 각 반복마다 `count`를 출력하고, `count`에 1을 더합니다. `count`가 6이 되면 조건 `count <= 5`는 거짓이 되어 반복이 멈춥니다.

반복문의 유용성

반복문은 동일한 작업을 여러 번 수행해야 할 때 매우 유용합니다. 예를 들어, 사용자 입력을 여러 번 받거나, 데이터 세트의 모든 항목을 처리하거나, 파일의 모든 라인을 읽는 등의 작업에서 반복문을 사용할 수 있습니다. 이러한 반복문은 코드의 효율성을 높이고 작업을 자동화하는 데 도움을 줍니다.

반복문은 기본적으로 컴퓨터에게 동일한 작업을 여러 번 시키는 것입니다. 우리도 일상에서 반복적으로 하는 일이 많습니다. 예를 들어 쿠키를 굽는다고 생각해봅시다. 먼저 쿠키 반죽을 만들고 반죽으로 쿠키를 12개 만들려면, 쿠키 틀로 쿠키 모양을 찍는 행동을 12번 반복해야 합니다. 마찬가지로 컴퓨터에게도 반복문을 통해 같은 동작을 여러 번 반복하라고 할 수 있습니다. 예를 들어 반복문을 작성해 컴퓨터가 매일 특정한 시간에 데이터베이스를 백업할 수도 있고 주어진 데이터를 한 줄씩 반복해서 읽을 수도 있습니다. 이제 반복문의 기본구조를 살펴보겠습니다. 챗GPT가 알려준 바에 따르면 반복문은 크게 for문과 while문으로 나눌 수 있습니다. for문의 예시를 살펴보면 다음과 같습니다.

먼저, 첫 줄에서는 `numbers = [1, 2, 3, 4, 5]`라는 코드를 통해 numbers라는 이름의 리스트를 생성하고 초기화합니다. 이 리스트에

```python
numbers = [1, 2, 3, 4, 5]
for number in numbers:
    print(number)
```

for 반복문 예시

당하며 반복합니다(for 반복문). 세 번째 줄 print(number):는 반복문 내부에서 현재 number 변수에 할당된 값이 print( ) 함수를 통해 출력됩니다. 즉, 예시의 반복문은 numbers 리스트의 모든 요소를 한 번씩 순회하면서 각 요소를 number 변수에 할당하고 이를 print 함수로 출력합니다. 마지막으로 numbers 리스트에 더 이상 처리할 요소가 없을 때, 즉 리스트의 끝에 도달했을 때 반복문은 더 이상 실행되지 않습니다(반복 종료).

코드를 보시면 우리가 이제까지 쓰지 않았던 키워드를 하나 만나게 됩니다. 바로 in이라는 키워드인데요. 잘 아시듯이 in은 영어로 '…에[에서/안에]'라는 뜻입니다. 그래서 위의 코드는 쉽게 말해서 numbers라는 것의 '안에' 있는 요소, 즉 1부터 5까지를 하나씩 number에 넣고 number를 출력하라는 뜻입니다. 이 코드를 실행해 보면 결과적으로 숫자 1부터 5까지 차례대로 출력됩니다. 반복이라는 개념이 조금 어려울 수 있겠지만 찬찬히 살펴보면서 이해하려고 노력해 보시기 바랍니다.

두 번째로 while문에 대해서 간단히 살펴보겠습니다. while 반복문은 주어진 조건이 만족되는 동안만 실행되는 반복문인데요. 조건이 참(True)인 동안 코드 블록을 계속 실행하고 조건이 거짓(False)

```python
count = 1
while count <= 5:
    print(count)
    count += 1
```

while 반복문 예시

이 되면 반복이 중단됩니다. 챗GPT가 제시해준 while 문의 예시를 살펴보겠습니다.[*]

먼저, 'count'라는 변수에 1을 할당합니다(변수 초기화). 다음에 등장하는 while문은 주어진 조건이 참(True)인 동안 계속해서 코드 블록을 실행합니다. 여기서 조건은 `count <= 5`로, count의 값이 5 이하인 동안 반복문 내의 코드가 실행됩니다(while 반복문). 다음 줄 `print(count)`는 현재 count 변수의 값을 출력합니다(코드 실행). 반복문이 처음 실행될 때 count는 1이므로, 처음 출력된 값은 1입니다. 이후 `count += 1`[**]을 통해 count 변수의 값을 1만큼 증가시킵니다(변수 업데이트). 따라서 count가 1에서 시작했다면, 첫 번째 반복 후에는 2가 됩니다. 위의 두 단계(출력과 업데이트)는 count의 값이 5 이하인 동안 계속 반복됩니다(반복 과정). 만약 count의 값이

- * 더 자세한 설명이 필요하시면, 챗GPT에 코드를 그대로 복사하고 코드의 윗줄에 "다음 코드를 아주 자세히 설명해줘."라고 요청해 보세요.
- ** += 연산자는 할당 연산자에서 잠깐 살펴본 대로 현재 값에 지정된 값을 더하여 변수를 업데이트하는 것입니다.

```python
numbers = [1, 2, 3, 4, 5]
for number in numbers:
    print(number)
```

```
1
2
3
4
5
```

```python
count = 1
while count <= 5:
    print(count)
    count += 1
```

```
1
2
3
4
5
```

for 반복문과 while 반복문의 결과 비교

5를 초과하게 되면 while문의 조건 `count <= 5`가 거짓(False)이 되고, 반복문은 종료됩니다(반복 종료). 즉, count가 6이 되는 순간에 반복문에서 벗어나고 프로그램의 실행이 종료됩니다. 결국 이 while 반복문도 앞에 for 반복문과 동일하게 1부터 5까지 각 숫자가 출력됩니다. for문과 while문의 결과를 코랩에서 비교해 보겠습니다.

지금까지 for 반복문과 while 반복문의 기본적인 구조를 살펴보았습니다. 여기서 한 가지 의문이 듭니다. for문과 while문이 같은 결과를 낸다면 우리는 언제 for문을 쓰고 언제 while문을 쓰는 것이 좋을까요? 다시 챗GPT에게 물어보겠습니다.

Prompt 파이썬에서 언제 for 반복문을 쓰고 언제 while 반복문을 쓰는지 아주 쉽고 자세하게 설명해줘.

파이썬에서 for 반복문과 while 반복문은 각기 다른 상황에 적합하게 사용됩니다. 이 두 종류의 반복문을 언제 사용하는지 쉽게 이해할 수 있도록 설명해 드리겠습니다.

for 반복문 사용하기

for 반복문은 주로 반복 횟수가 정해져 있거나, 시퀀스(리스트, 튜플, 사전, 문자열 등)와 같은 컬렉션의 각 요소를 순회할 때 사용됩니다. for 반복문을 사용하는 몇 가지 일반적인 상황은 다음과 같습니다:

1. 리스트나 튜플 같은 컬렉션의 요소 처리:
    - 모든 항목에 동일한 작업을 수행할 때, 예를 들어 모든 학생의 성적을 출력하거나 각 제품의 가격을 업데이트할 때 사용합니다.

2. 문자열의 각 문자에 접근:
    - 문자열의 각 문자를 하나씩 처리할 때, 예를 들어 특정 문자를 세거나 변경하는 경우에 사용됩니다.

3. 반복 범위 지정:
    - 특정 횟수만큼 반복하고 싶을 때 range( ) 함수와 함께 사용됩니다. 예를 들어, 10번 반복하거나 1부터 100까지 숫자를 출력하고 싶을 때 사용합니다.

while 반복문 사용하기

while 반복문은 반복을 계속할지 말지 결정하는 조건에 따라 사용됩니다. 조건이 참인 동안 계속해서 코드를 반복 실행하고, 조건이 거짓이 되면 반복을 멈춥니다. while 반복문을 사용하는 몇 가지 일반적인 상황은 다음과 같습니다:

1. 조건에 따른 반복:
   - 반복을 계속할지 말지 결정하는 조건이 명확할 때 사용합니다. 예를 들어, 사용자가 종료를 선택할 때까지 메뉴를 계속 표시하거나 특정 조건(예: 파일의 끝에 도달할 때까지)이 충족될 때까지 데이터를 읽는 경우에 적합합니다.

2. 불확실한 반복 횟수:
   - 반복해야 할 정확한 횟수를 모르지만 특정 조건이 만족될 때까지 반복해야 하는 경우에 사용됩니다. 예를 들어, 게임에서 사용자가 게임을 포기하거나 게임 오버 조건을 충족할 때까지 게임 루프를 계속 실행하는 경우가 있습니다.

결론

- for 반복문: 반복 횟수가 미리 정해져 있거나, 정해진 컬렉션의 요소를 모두 처리할 때 사용합니다.
- while 반복문: 반복을 계속할지 여부를 결정하는 조건이 주어졌을 때 사용하며, 반복 횟수가 불확실하거나 조건에 의해 반복이 결정될 때 유용합니다.

이 두 반복문은 파이썬에서 매우 유용하게 사용되며, 상황에 따라 적절한 반복문을 선택하는 것이 중요합니다.

챗GPT에 따르면 for 반복문은 반복 횟수가 미리 정해져 있거나 우리가 배웠던 리스트, 튜플, 사전, 문자열 등 시퀀스 자료형*의 각 요소를 순회할 때 많이 사용됩니다. 반면 while 반복문은 조건이 참인 동안 계속해서 코드를 반복해서 실행하므로 반복 횟수가 불확실하더라도 반복의 조건이 명확할 때 사용됩니다. 상황에 맞게 두 반복문을 적절히 활용하시면 되겠습니다.

챗GPT가 알려준 바에 따르면 for 반복문은 특정 횟수만큼 반복하고 싶을 때 range( ) 함수와 함께 사용한다고 합니다. 예를 들면 1부터 100까지 숫자를 출력하고 싶을 때처럼요. 지금부터 이 함수에 대해 조금 더 살펴보도록 하겠습니다.

Prompt 파이썬 for 반복문의 range( )함수를 활용 예시와 함께 아주 쉽고 자세히 설명해줘.

파이썬에서 range( ) 함수는 숫자들의 시퀀스를 생성하여 for 반복문과 함께 사용할 수 있게 해줍니다. 이 기능은 특정 범위의 숫자로 반복 작업을 수행하고자 할 때 매우 유용합니다. 여기에서 range( ) 함수의 사용 방법과 함께 간단한 예시를 통해 설명드리겠습니다.

range( ) 함수의 기본 구조

range( ) 함수는 다양한 방식으로 사용할 수 있으며, 주로 세 가지 방식이 있습니다:

1. range(stop):
   - 시작 값은 0이고, 종료 값은 제공된 stop 값의 하나 미만이 됩니다.
   - 예: range(5)는 0, 1, 2, 3, 4를 생성합니다.

• 시퀀스 자료형이란 여러 가지 아이템(항목들)이 일정한 순서대로 나열된 구조를 가진 자료형을 의미합니다. 대표적으로 리스트, 튜플, 문자열이 있습니다. 시퀀스 자료형들은 순서가 있고 인덱싱이 가능하며, 반복할 수 있는 특징이 있습니다.

2. range(start, stop):
  - 시작 값은 start, 종료 값은 stop 값의 하나 미만입니다.
  - 예: range(1, 6)는 1, 2, 3, 4, 5를 생성합니다.

3. range(start, stop, step):
  - 시작 값은 start, 종료 값은 stop 값의 하나 미만이며, step은 각 숫자 사이의 간격을 지정합니다.
  - 예: range(0, 10, 2)는 0, 2, 4, 6, 8을 생성합니다.

간단한 예시

1. 기본 반복 예시

0부터 4까지의 숫자를 출력하는 간단한 예시입니다:

```python
for i in range(5):
    print(i)
```

이 코드는 range(5)를 사용하여 0부터 4까지의 숫자를 생성하고, for 반복문을 통해 각 숫자를 i 변수에 할당한 후 출력합니다. 결과는 0, 1, 2, 3, 4가 각 줄에 차례로 출력됩니다.

2. 시작과 종료 지정 예시

1부터 5까지의 숫자를 출력하는 예시입니다:

```python
for i in range(1, 6):
    print(i)
```

range(1, 6)는 1부터 시작해 6의 하나 미만인 5까지의 숫자를 생성합니다. 이 범위에 있는 각 숫자를 for 반복문이 처리하여 출력합니다.

3. 간격(step) 지정 예시
0부터 시작하여 10 미만까지 2씩 증가하는 숫자를 출력하는 예시입니다:

```python
for i in range(0, 10, 2):
    print(i)
```

이 코드에서 range(0, 10, 2)는 0에서 시작하여 10 미만까지 2의 간격으로 숫자를 생성합니다. 생성된 숫자는 0, 2, 4, 6, 8입니다.

range( ) 함수의 활용
range( ) 함수는 반복 횟수가 정확히 정해진 반복 작업, 특정 범위 내에서의 숫자를 활용한 계산, 그리고 리스트나 튜플 같은 시퀀스의 인덱스를 통한 접근 등 다양한 상황에서 유용하게 사용됩니다. 이렇게 range( )를 이용하면 코드를 보다 구조적이고 간결하게 만들 수 있습니다.

range( ) 함수는 for 반복문과 함께 특정 범위의 숫자로 반복 작업을 수월하게 도와줍니다. 기본 구조는 보시다시피 range(start, stop, step)로 이루어져 있는데요. 'start'에는 시작 값을, 'stop'에는 종료 직전의 값을, 'step'은 각 숫자 사이의 간격을 지정합니다. 'start'와 'step'은 생략이 가능합니다.

첫 번째 예시에서 for i in range(5):의 경우 5는 stop값입니다. 그래서 for 반복문을 통해 변수 i에는 0부터 종료(5) 직전의 값 4까지가 할당됩니다. 그래서 print(i)를 통해 코드를 실행했을 때, 0, 1, 2, 3, 4가 출력됩니다. 두 번째 예시 for i in range(1, 6):의 경우는 시작 값이 1이고 종료 값이 6 이전의 값이므로 출력 값은 1, 2, 3, 4, 5가 됩니다. 마지막으로 for i in range(0, 10, 2):의 경우 0부터 시작해서 10 이전의 값, 즉 9까지 반복하되 2라는 간격을 두라는 의미입니다. 실제로 이 코드를 코랩에서 실행해 보시면 다음과 같이 0, 2, 4, 6, 8이 출력됩니다. for 반복문은 range( ) 함수와 같이 쓰여 반복 횟수가 확실히 정해진 반복 작업이나 특정 범위 내에서의 숫자를 활용한 계산 등에 유용하게 쓰일 수 있습니다.

자, 지금까지 for 반복문과 while 반복문의 기본적인 개념에 대해 살펴보았습니다. 연습 문제를 통해 지금까지 배운 개념을 확인해 보겠습니다.

(Prompt) 파이썬 반복문에 대한 초급 수준의 연습 문제 세 개를 내줘.

문제 3: 짝수만 출력하기

1부터 20까지의 숫자 중에서 짝수만을 출력하는 프로그램을 작성하세요. 이 문제를 해결하기 위해 for 반복문과 조건문을 함께 사용하세요.

```python
# 여기에 코드를 작성하세요
```

이 연습 문제들을 통해 파이썬에서 반복문을 어떻게 사용하는지 실습해 보세요. 문제를 풀면서 어려움이 생기거나 추가 설명이 필요하면 언제든지 도움을 요청하세요!

챗GPT가 내준 세 문제 중 문제 3번을 같이 풀어보겠습니다. 이 문제는 1부터 20까지의 숫자 중에서 짝수만을 출력하는 프로그램을 짜는 것입니다. 문제를 자세히 살펴보면 해결을 위해서는 지난 주에 공부했던 조건문과 이번 주에 다룬 반복문을 동시에 사용해야 함을 알 수 있습니다.

문제 해결을 위해 문제를 세 부분으로 나누어보겠습니다. 우리는 먼저 1부터 20까지의 숫자를 반복해야 합니다. 이 부분은 방금 배운 `range( )` 함수를 사용하면 되겠네요! 다음으로 그 숫자들 중 짝수를 조건문으로 판별해야 합니다. 이때는 우리가 배웠던 조건문과 연산자를 사용하면 되겠습니다. 그리고 마지막으로는 출력을 하는 과정이 필요합니다. 이 부분은 `print( )` 함수를 통해 구현할 수 있습니다.

구글 코랩을 켜서 각 단계의 코드를 작성해 보죠. 먼저 1부터 20까지 반복하는 것은 `for i in range(1, 21):`이면 되겠습니다. 종료값으로 21을 써야 21 직전 즉 20까지 범위가 지정될 수 있음을 주의하세요. 아랫줄에는 조건문을 통해 1부터 20까지의 수에서 짝수를 판별해야 하는데요. 어떻게 하면 좋을까요? 짝수를 판별하기 위해서는 홀수와 다른 짝수의 특성을 잘 생각해 보아야 합니다. 짝수는 홀수와 달리 2로 나눌 때 나머지가 항상 0입니다. 그래서 어떤 수를 2로 나눌 때 나머지가 0이라면 항상 짝수라고 판단해도 되겠네요. 그래서 저는 `if i % 2 == 0:`라고 코드를 작성했습니다. 여기서 %는 나머지를 의미하는 연산자입니다. 즉, 이 코드는 '어떤 수 i를 2로 나누었을 때 나머지가 0이라면'이라는 뜻이 되겠네요. 마지막 줄에는 print(i)로 써주면 되겠습니다. 코랩에 직접 코드를 작성해서 실행해 보겠습니다.

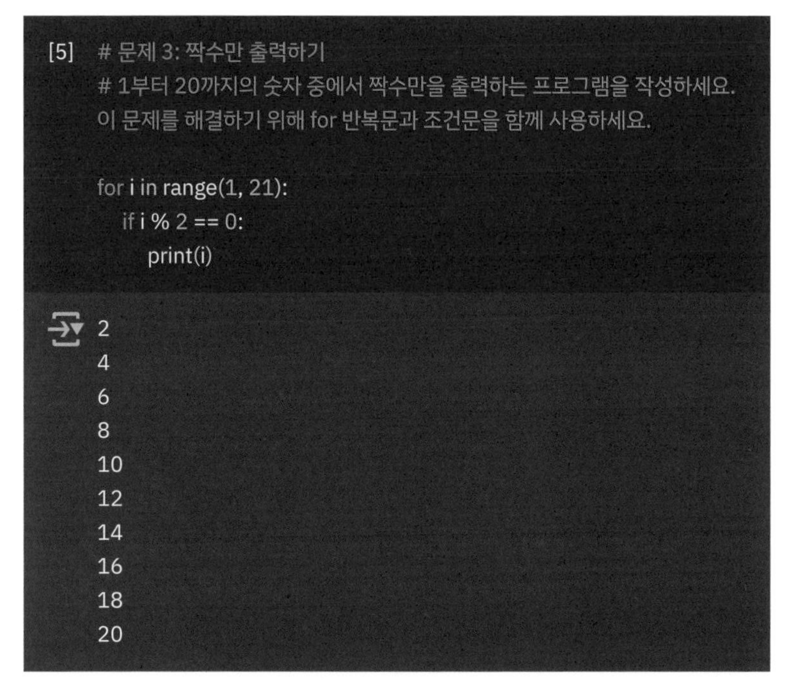

짝수만 출력하기 코드

예상했던 답이 훌륭히 잘 나왔습니다. 대단하네요! 마지막으로 한 문제만 더 풀어보겠습니다. 아래의 구구단 출력하기 문제는 전통적으로 반복문을 연습하는 데 많이 사용되었던 문제입니다.

문제 3: 구구단 출력하기

사용자로부터 숫자(1~9) 하나를 입력받아, 해당 숫자의 구구단을 출력하는 프로그램을 작성하세요. 예를 들어, 사용자가 3을 입력하면, 3단의 결과를 출력해야 합니다. 이 문제를 해결하기 위해 for 반복문을 사용하세요.

```python
# 사용자로부터 숫자를 입력받는 코드
n = int(input("구구단 숫자를 입력하세요(1-9): "))
# 여기에 코드를 작성하세요
```

이 문제들을 통해 파이썬의 기본적인 조건문과 반복문 사용법을 연습하고, 이를 통해 실제 프로그래밍 상황에서 어떻게 코드를 작성해야 하는지 이해하는 데 도움이 될 것입니다. 문제를 풀면서 어려운 점이 있거나 더 알고 싶은 것이 있으면 질문해주세요!

일단 구구단의 구조를 살펴보면 앞의 수가 2부터 9까지 반복되고, 곱하기 기호('×')가 나온 후 뒤의 수는 1부터 9까지 반복됨을 알 수 있습니다. 그렇다면 for 반복문을 두 번 중첩하면 문제를 해결할 수 있을 것 같습니다. 즉, 앞의 수를 2부터 9까지 반복할 때 각각의 숫자에서 뒤의 숫자를 1부터 9까지 반복하면 됩니다. 이 부분이 이 문제 해결의 핵심입니다. 독자 여러분께서도 문제 해결을 위한 방안을 먼저 숙고한 이후 그래도 풀리지 않으면 챗GPT에게 '답'이 아닌 '힌트'를 요청해 보세요. 일단 구구단을 위한 핵심적인 알고리즘을 다음과 같이 써 보았습니다.

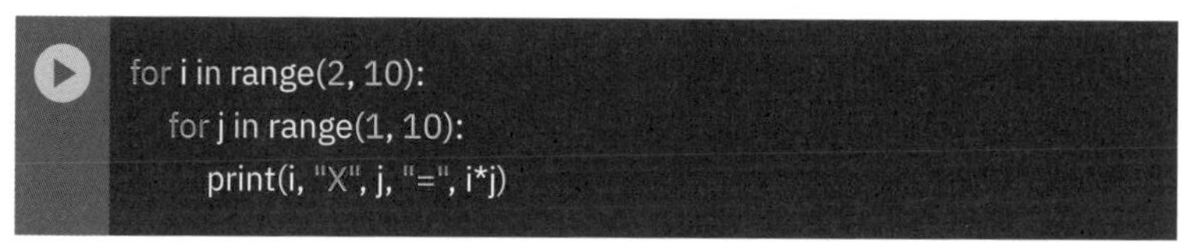

구구단 출력하기 문제의 핵심 알고리즘

이 코드를 실행해 보면 구구단 2단에서부터 9단까지 전부 실행되는 것을 볼 수 있습니다. 우리 문제의 조건은 사용자로부터 숫자(1~9) 하나를 입력받아, 해당하는 숫자의 구구단을 출력하는 것이므로 일단 우리가 배운 input() 함수를 사용해 보겠습니다.

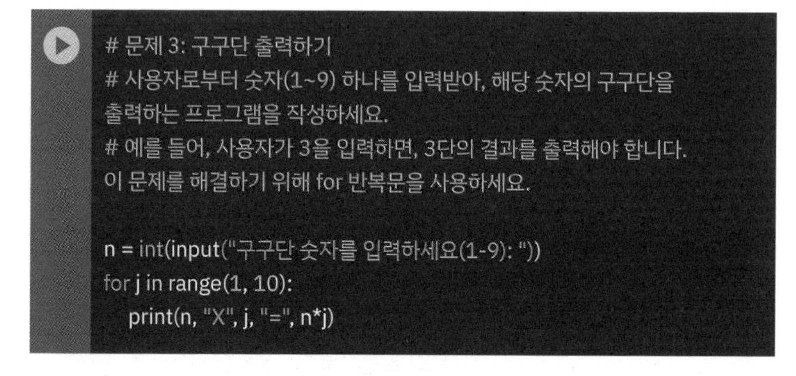

구구단 출력 코드

n이라는 변수 안에는 "구구단 숫자를 입력하세요(1-9): "라는 메시지를 통해 사용자에게 받은 문자열(str)을 다시 int() 함수를 통해 바꾼 정수형(int) 숫자가 들어 있습니다. 그 숫자가 바로 구구단 단수가 되겠지요. 그리고 그 단수의 구구단을 출력하려면 뒤의 수만 1부터 9까지만 반복해서 출력해 주면 되므로 위와 같이 한 번만

for 반복문을 써주면 되겠습니다. 아주 간단히 끝났죠? 독자 여러 분께서도 코랩에서 한번 실행해 보시기 바랍니다.

저는 세가 작성한 코드가 잘 실행되는 것을 확인했지만 좀 더 다른 방식으로 더 간단히 코드를 짤 수 없는지 궁금했습니다. 그래서 다음과 같이 챗GPT에게 물어보았습니다.

Prompt 다음 코드를 좀 더 효율적으로 바꿔줘.

```
n = int(input("구구단 숫자를 입력하세요(1-9): "))
for j in range(1,10):
  print(n, "X", j, "=", n*j)
```

이미 주어진 코드는 구구단을 출력하는 기본적인 기능을 잘 수행하고 있습니다. 하지만 코드의 가독성을 더욱 개선하고 Python의 문자열 포매팅 기능을 활용하여 출력 형식을 좀 더 깔끔하게 만들 수 있습니다. 여기에 개선된 버전을 제공해 드리겠습니다:

```python
# 문제 3: 구구단 출력하기
# 사용자로부터 숫자(1~9) 하나를 입력받아, 해당 숫자의 구구단을
출력하는 프로그램을 작성하세요.
# 예를 들어, 사용자가 3을 입력하면, 3단의 결과를 출력해야 합니다. 이
문제를 해결하기 위해 for 반복문을 사용하세요.

n = int(input("구구단 숫자를 입력하세요(1-9): "))
for j in range(1, 10):
    print(f"{n} x {j} = {n * j}")
```

변경 사항:

1. 문자열 포매팅: f-string을 사용해 출력 문을 형식화했습니다. f-string은 Python 3.6 이상에서 사용할 수 있으며, 중괄호 {} 안에 직접 변수와 수식을 넣어 문자열을 동적으로 생성할 수 있게 해줍니다. 이 방법은 코드를 더 깔끔하고 읽기 쉽게 만들어 줍니다.
2. 코드의 일관성: 연산자와 숫자 사이에 공백을 적절히 배치하여 코드의 일관성을 유지했습니다.

이런 개선을 통해 프로그램의 기능은 그대로 유지하면서, 코드의 가독성과 유지보수성을 향상시킬 수 있습니다.

코드의 앞부분은 제가 쓴 코드와 유사하지만 챗GPT는 마지막 행에 f-string이라는 방법을 사용하여 코드를 좀 더 깔끔하고 읽기 쉽게 만들어 주었습니다. 문제를 해결하는 새로운 방법을 알게 되고 코드에 대한 이해가 좀 더 깊어지는 순간입니다. f-string은 1주 차에 아주 잠깐 소개드린 바가 있지만 이에 대해서 좀 더 알고 싶으신 독자 여러분께서는 "f-string의 기본 사용법을 알려줘."와 같이 챗GPT에 질문해 보세요.

이번 주는 제어문 중 반복문에 대해서 살펴보았습니다. 5주 차에는 함수(function)에 대해 살펴보겠습니다. 정말 수고 많으셨습니다!

5주 차:
함수(Functions)

우리는 지난 3주 차와 4주 차에 프로그램의 흐름을 제어하는 제어문에 대해 살펴보았습니다. 3주 차에 배운 조건문은 특정 조건에 따라 다르게 동작하도록 프로그래밍을 하고 싶을 때 사용합니다. if-elif-else문 기억나시죠? 4주 차에 배운 반복문은 같은 일을 컴퓨터에게 여러 번 시킬 때 필요했습니다. 대표적으로 for 반복문, while 반복문이 있었고 각각의 차이점도 살펴보았습니다. 이번 주에는 함수에 대해서 살펴보겠습니다. 사실 '함수'라는 말은 print( ) 함수, int( ) 함수, range( ) 함수에서처럼 앞에서 이미 많이 사용한 바 있습니다. 그렇다면 함수는 도대체 무엇일까요?

Prompt 파이썬 함수(function)를 예시와 함께 아주 자세히 쉽게 설명해줘.

파이썬에서 함수는 일련의 코드를 하나의 이름으로 묶어서 언제든지 호출할 수 있게 만든 것입니다. 함수를 사용하면 코드를 재사용할 수 있고, 코드의 구조를 더 명확하게 할 수 있으며, 프로그램을 더 쉽게 관리할 수 있습니다.

함수의 기본 구조

파이썬에서 함수를 정의하는 기본 구조는 다음과 같습니다:

```python
def 함수명(매개변수):
    # 수행할 코드
    return 반환값
```

- def는 함수를 정의하기 위해 사용하는 키워드입니다.
- 함수명은 함수의 이름을 의미합니다.
- 매개변수는 함수에 전달되는 값입니다. 필요 없으면 생략할 수 있습니다.
- 반환값은 함수의 결과로 돌려주는 값입니다. return 문을 사용해 반환하며, 필요 없으면 생략할 수 있습니다.

영어로 함수(function)는 '(사람·사물의) 기능'을 의미합니다. 파이썬에서 함수는 특정한 기능을 하는 일련의 코드를 하나의 이름으로 묶어서 언제든지 호출할 수 있게 만든 것입니다. 우리가 이제까지 살펴본 input( ), print( )도 입력과 출력이라는 특정한 기능을 하는 코드를 묶은 함수입니다. 이것은 파이썬 자체에서 이미 만들어진 내장 함수(buit-in functions)로 우리가 출력이나 입력 기능이 필요할 때마다 호출만 하면 됩니다.

예시: 간단한 함수 만들기

예를 들어, 두 수를 더하는 간단한 함수를 만들어 보겠습니다:

```python
def add(a, b):
    result = a + b
    return result

# 함수 사용하기
sum = add(5, 3)
print(sum)  # 출력: 8
```

이 예제에서 add라는 함수를 정의했습니다. 이 함수는 두 개의 매개변수 a와 b를 받아서, 그 합인 result를 반환합니다. 함수를 사용할 때는 add(5, 3)과 같이 호출하며, sum 변수에 결과를 저장해 출력합니다.

챗GPT가 제시한 함수의 예를 더 살펴볼까요? 한 프로그램에서 주어지는 두 숫자를 받아 이를 더하는 기능이 필요하다고 생각해 봅시다. 프로그램을 짜면서 필요할 때마다 수를 더하는 코드를 일일이 쓸 수도 있지만, '두 수를 더하는 일련의 코드'를 'add'라는 하나의 이름으로 묶어서 쓰면 어떨까요? 필요할 때마다 'add'만 부르면 해결이 되게 하는 것이죠. 예시에서 보여드린 두 수를 더하는 기능은 너무 쉬워 굳이 함수로 만들지 않아도 되겠지만 여러 복잡한 기능을 하는 코드를 하나의 함수로 묶어두면 코드를 재사용할 수 있고, 코드의 구조를 더 명확하게 할 수 있습니다.

자, 그렇다면 함수는 어떻게 만들까요? 먼저 함수는 def라는 특정한 단어로 시작하는데, 이는 영어 단어 '정의(definition)'에서 나온 말입니다. '내가 지금부터 특정한 행동을 하는 함수를 정의(define)하겠다.'라는 뜻으로 생각하시면 좋겠습니다. 그리고 다음으로는 함수의 이름이 나옵니다. 위의 예에서 살펴볼 수 있듯이 두 수의 합을 구하는 함수라면 함수 이름을 def add처럼 쓰면 좋겠네요. 그리고 함수명 뒤 괄호는 매개변수의 자리입니다. 매개변수는 함수에 전달되는 값입니다. 좀 더 쉽게 말씀드리면 함수에 필요한 재료를 외부에서 가져오는 창구라고 생각하시면 편합니다. 두 수의 합을 구하는 함수라면 당연히 외부에서 두 수(a와 b라고 생각해봅시다.)를 가져와야겠지요? 그래서 def add(a, b): 라고 쓰면 좋겠네요. 그리고 마지막에 if, for, while문에서도 그랬듯이 콜론(:)을 쓰는 것을 잊지 마세요.

def 아래 줄에는 그 함수가 수행할 코드를 적는 곳입니다. add 함수의 경우 두 수를 더하는 기능을 하는 코드가 들어가야겠죠? 이는 result = a + b로 쓰겠습니다. 마지막 줄에는 return이라는 키워드가 있는데요. 이것은 함수의 결과를 반환하는 것입니다. 쉽게 말하면 함수에서 만들어진 것을 return을 통해 다시 외부에 전달하는 것입니다. 함수는 반드시 return 후에 종료되는데, return문이 생략되는 경우 자동으로 '값이 없음'을 의미하는 None을 반환하게 됩니다.

드디어 'add'라는 간단한 함수를 만들었습니다. 이제 함수를 사용해 보아야겠지요. 함수 add는 만들 때 매개변수가 2개(a와 b)였습니다. 그래서 add 함수를 호출할 때는 괄호에 더해야 할 두 숫자를 적으면 됩니다. 마지막으로 sum이라는 변수에 `add(5, 3)`의 결과 값을 저장해서 print하면 결과가 어떨까요? 네, 당연히 8이 나오겠지요.

함수에 대한 정의, 기본 형태 그리고 간단한 예시도 살펴보았습니다. 그렇다면 함수를 좀 더 이해하기 위한 초급 연습 문제를 요청해서 풀어보겠습니다.

Prompt 파이썬 함수를 연습하기 위한 초급 연습 문제를 내줘.

문제 4: 온도 변환 함수

- 함수 이름: `convert_celsius_to_fahrenheit`
- 입력 매개변수: 섭씨 온도(`celsius`)
- 반환 값: 섭씨 온도를 화씨 온도로 변환한 값
- 공식: 화씨 = 섭씨 * 9/5 + 32
- 예시:
  - `convert_celsius_to_fahrenheit(0)`의 반환 값은 `32`

문제 5: 문자열 반전 함수

- 함수 이름: `reverse_string`
- 입력 매개변수: 문자열(`s`)
- 반환 값: 거꾸로 된 문자열
- 예시:
  - `reverse_string("hello")`의 반환 값은 `"olleh"`

먼저, 챗GPT가 추천해준 여러 연습 문제 중 4번 온도 변환 함수에 대해 살펴보겠습니다. 함수의 이름은 'convert_celsius_to_fahrenheit'이고, 섭씨온도(celsius)를 입력하면 이를 화씨온도(fahrenheit)로 반환하는 함수를 만드는 것입니다. 섭씨온도를 화씨온도로 변환하는 공식은 문제에서 같이 제시해 주고 있습니다(섭씨 * 9/5 + 32).

자, 이제 문제를 파악했으니 함수를 한번 만들어볼까요? 함수의 기본 형태를 떠올려봅시다. 먼저 def와 함께 함수 이름을 써주면 됩니다. 그리고 매개변수는 외부에서 받는 입력 값이므로 섭씨온도가 되겠네요. 온도니까 매개변수를 'temp'로 해주겠습니다. 그리고 다음 줄에는 실제로 수행할 코드, 즉 섭씨온도를 화씨온도로 변환하는 공식을 쓰면 되겠습니다. 그리고 마지막에는 변환된 변수를 반환해 주면 코드가 마무리됩니다. 어렵지 않죠? 제가 처음 쓴 코드는 아래와 같습니다.

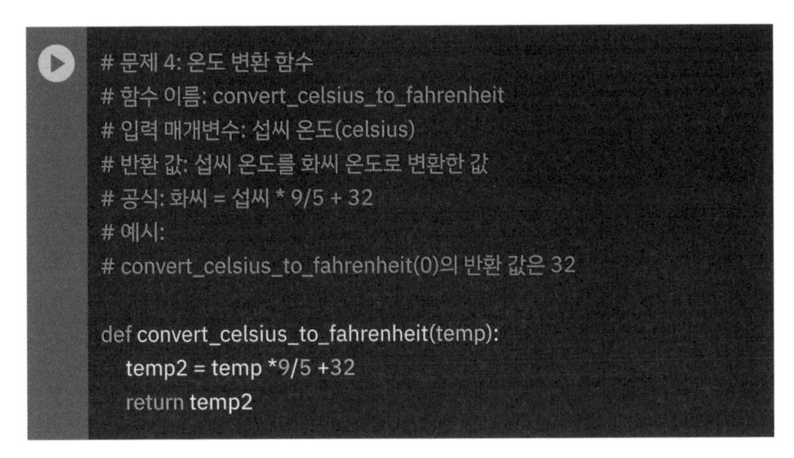

```
# 문제 4: 온도 변환 함수
# 함수 이름: convert_celsius_to_fahrenheit
# 입력 매개변수: 섭씨 온도(celsius)
# 반환 값: 섭씨 온도를 화씨 온도로 변환한 값
# 공식: 화씨 = 섭씨 * 9/5 + 32
# 예시:
# convert_celsius_to_fahrenheit(0)의 반환 값은 32

def convert_celsius_to_fahrenheit(temp):
    temp2 = temp *9/5 +32
    return temp2
```

온도 변환 함수 코드

저는 문제를 푼 다음 챗GPT에게 다음과 같이 코드에 대한 평가를 요청했습니다.

Prompt 다음 코드를 평가해줘.

```
def convert_celsius_to_fahrenheit(temp):
  temp2 = temp * 9/5 + 32
  return temp2
```

제시된 코드 convert_celsius_to_fahrenheit 함수는 섭씨 온도(temp)를 받아서 화씨 온도로 변환하여 반환하는 기능을 수행합니다. 코드를 구체적으로 살펴보면 다음과 같습니다:

```python
def convert_celsius_to_fahrenheit(temp):
    temp2 = temp * 9/5 + 32
    return temp2
```

코드 분석

- 함수 이름(convert_celsius_to_fahrenheit): 함수의 목적을 명확하게 설명하고 있습니다. 섭씨에서 화씨로 변환한다는 것을 알 수 있습니다.
- 매개변수(temp): 섭씨 온도를 입력받는 매개변수입니다.
- 연산(temp * 9/5 + 32): 섭씨 온도를 화씨 온도로 변환하는 정확한 수학적 계산을 수행합니다. 섭씨 온도에 9/5를 곱하고 32를 더하는 것은 화씨로 변환하는 표준 공식입니다.
- 반환값(temp2): 계산된 화씨 온도를 반환합니다.

평가

이 함수는 잘 작성되었으며, 섭씨 온도를 화씨 온도로 변환하는 데 필요한 모든 요소를 포함하고 있습니다. 코드는 깔끔하고, 기능적으로도 정확합니다. 간단한 테스트를 통해 이 함수의 작동을 확인할 수 있습니다:

```python
print(convert_celsius_to_fahrenheit(0))  # 출력 예상: 32.0
print(convert_celsius_to_fahrenheit(100)) # 출력 예상: 212.0
```

- 0도 섭씨는 화씨로 변환하면 32도가 되며, 이는 물의 어는점입니다.
- 100도 섭씨는 물의 끓는점으로 화씨로는 212도입니다.

이 함수는 이러한 기대 결과를 정확히 출력할 것입니다. 따라서 이 함수는 성공적으로 목적에 맞게 잘 구현되었다고 평가할 수 있습니다.

챗GPT는 먼저 저의 코드를 분석하고 이 코드에 대한 평가도 하고 있습니다. 챗GPT에 따르면 제가 작성한 함수는 섭씨온도를 화씨온도로 변환하는 데 필요한 모든 요소를 포함하고 있으며 기능적으로도 정확하다고 합니다. 그리고 작동을 확인할 수 있는 예시 코드를 제시해 주기도 했습니다. 하지만 저는 챗GPT에게 추가적으로 개선할 부분이 없는지 확인하고 코드를 더 향상시켜달라고 요청했습니다.

Prompt 다음 코드를 향상시켜줘.

```
def convert_celsius_to_fahrenheit(temp):
  temp2 = temp * 9/5 + 32
  return temp2
```

코드를 더 효율적이고 명확하게 만들기 위해 몇 가지 개선을 제안할 수 있습니다. 이제 코드를 간소화하고, 가독성을 높이며, 일반적인 관례에 맞게 수정해 보겠습니다.

개선된 코드

```python
def convert_celsius_to_fahrenheit(celsius):
    return celsius * 9 / 5 + 32
```

개선 사항 설명

1. 매개변수 이름 변경: temp라는 매개변수 이름을 celsius로 변경했습니다. 이는 함수의 매개변수가 섭씨 온도를 나타내는 것이 명확하게 이해되도록 돕습니다.
2. 간결한 반환: 직접적으로 계산 결과를 return문에서 반환하도록 수정했습니다. 이렇게 하면 코드가 더 간결해지고, 임시 변수 temp2의 사용을 줄일 수 있습니다. 이는 코드의 유지 관리를 단순화하고, 성능에 미미한 영향을 줄이면서도 가독성을 향상시킵니다.

최종적으로 챗GPT가 권유해준 코드는 위와 같습니다. 제가 기존에 쓴 코드랑 비교해서 차이점을 살펴보겠습니다. 두 가지 측면에서 함수가 개선되었습니다. 먼저, 제가 쓴 매개변수명 'temp'를 'celsius'로 변경했습니다. 이는 코드의 섭씨(celsius)온도를 입력으로 받는다는 점을 명확히 하여 코드의 가독성을 향상시키고 있습니다. 두 번째로는 중간에 썼던 중간 변수 'temp2'는 필수적이지 않아 계산 결과를 직접 반환(return)하여 코드를 더 간결하게 만들 수 있습니다. 섭씨온도를 화씨온도로 변환하는 함수를 완성했습니다!

다음으로는 챗GPT의 추천 문제 중 5번 문자열 반전 함수를 풀어보겠습니다. 문제의 요구사항은 문자열을 입력하면 거꾸로 된 문자열을 반환하라는 것입니다. 예를 들어 'hello'라고 입력하면 반환 값은 'olleh'가 됩니다. 이미 풀었던 4번 문제보다 훨씬 어려워 보입니다. 이 문제는 어떻게 해결하면 좋을까요? 도저히 해결책이 떠오르지 않을 때는 챗GPT에게 힌트를 한번 요청하면 좋을 것 같네요.

(Prompt) 문제 5: 문자열 반전 함수에 대해 답은 보여주지 말고 힌트를 줄래?

물론이죠! 문자열을 반전하는 함수를 작성하는 것에 대해 몇 가지 힌트를 제공하겠습니다.

힌트 1: 슬라이싱 사용하기

파이썬에서 문자열을 쉽게 뒤집을 수 있는 방법 중 하나는 슬라이싱을 사용하는 것입니다. 슬라이싱은 문자열의 일부분을 쉽게 추출할 수 있게 해주며, 이 기능을 이용하면 문자열을 뒤집을 수 있습니다. 기본 형태는 `string[start:stop:step]`이며, `step`을 `-1`로 설정하면 문자열이 거꾸로 뒤집힙니다.

힌트 2: for 루프와 함께 사용하기

문자열을 반전시키기 위해 for 루프를 사용할 수도 있습니다. 빈 문자열을 하나 만들고, 주어진 문자열을 뒤에서부터 하나씩 읽어서 새 문자열에 추가하는 방식으로 구현할 수 있습니다. 이 방법은 슬라이싱보다 조금 더 복잡하지만, 루프 사용법을 연습하기에 좋습니다.

힌트 3: 재귀 함수 사용하기

재귀 함수를 사용하여 문자열을 뒤집는 것도 가능합니다. 이 방법은 문자열의 첫 글자를 제외한 나머지 문자열을 먼저 뒤집고, 그 결과에 첫 글자를 마지막에 추가하는 방식으로 동작합니다. 재귀 함수는 자기 자신을 호출하는 함수로, 복잡한 문제를 간단하게 나누어 해결할 수 있게 해줍니다.

이러한 힌트들을 활용하여 직접 문자열을 뒤집는 함수를 시도해 보세요! 만약 어려움을 겪는다면, 추가적인 질문을 해주시면 더 구체적인 도움을 드릴 수 있습니다.

힌트를 요청했더니 문자열을 뒤집기 위해서는 슬라이싱을 사용하는 것이 좋다고 합니다. 슬라이싱은 문자열의 일부를 추출하게 해주는 것이고 기본 형태는 string[start:stop:step]이라고 합니다. 이 부분에 대해 조금 더 자세히 물어보겠습니다.

(Prompt) string[start:stop:step] 에 대해 좀 더 알려줘.

파이썬에서 string[start:stop:step]는 문자열 슬라이싱을 위한 구문으로, 문자열의 일부분을 추출할 때 사용됩니다. 이 구문은 배열이나 리스트에서도 동일하게 작동하며 매우 유용하고 강력한 기능을 제공합니다. 각 요소에 대해 좀 더 자세히 설명해 드리겠습니다.

start

- start는 슬라이스를 시작할 인덱스를 지정합니다.
- 인덱스는 0부터 시작합니다.
- start가 생략되면, Python은 슬라이스의 시작을 문자열의 시작부(0번 인덱스)로 간주합니다.

stop

- stop은 슬라이스를 종료할 인덱스를 지정하며, 이 인덱스에 해당하는 문자는 결과에 포함되지 않습니다.
- 즉, stop은 슬라이스에서 제외할 첫 번째 인덱스입니다.
- stop이 생략되면, Python은 슬라이스의 종료를 문자열의 끝으로 간주합니다.

step

- step은 슬라이싱할 때 각 요소 사이의 거리를 지정합니다.
- 이 값이 양수면 문자열을 앞에서부터 뒤로, 음수면 뒤에서부터 앞으로 읽습니다.
- step이 생략되면, 기본값은 1로 설정되며, 문자열의 모든 문자를 순차적으로 포함합니다.
- step을 -1로 설정하면 문자열이 역순으로 추출됩니다.

예시

```python
s = "Hello World"
print(s[0:5])  # 'Hello' - 0번 인덱스부터 4번 인덱스까지의 문자 추출
print(s[6:])   # 'World' - 6번 인덱스부터 문자열 끝까지 추출
print(s[:5])   # 'Hello' - 문자열 시작부터 4번 인덱스까지 추출
print(s[-1])   # 'd'     - 문자열의 마지막 문자 추출
print(s[::2])  # 'HloWrd' - 문자열의 모든 문자 중 한 문자씩 건너뛰어 추출
print(s[::-1]) # 'dlroW olleH' - 문자열을 거꾸로 추출
```

이렇게 string[start:stop:step] 구문은 문자열을 매우 유연하게 조작할 수 있게 해주며, 다양한 상황에서 매우 유용하게 사용됩니다.

챗GPT의 대답을 통해 문자열을 거꾸로 추출하는 슬라이싱 방법을 배웠습니다. 우리가 받는 문자열이 s라면 s[::-1]이라고 표시해

준다면 문자열을 거꾸로 추출할 수 있군요. 우리가 4주 차 때 익힌 for 반복문과 거꾸로 슬라이싱한 문자열을 합쳐보면 답이 나올 수 있겠습니다.

자, 이제부터 함수를 만들어보겠습니다. 먼저, 우리가 거꾸로 만든 문자열을 저장할 공간을 하나 만들겠습니다(result = ' '). 그리고 함수를 만들어보죠. 함수명은 'reverse_string'입니다. 안에 들어갈 매개변수명은 'string'으로 하면 되겠네요. 그리고 다음 줄에서 핵심 알고리즘을 써보겠습니다. for 반복문을 사용하여 문자열을 하나씩 뽑아내는데, 뽑아내는 대상이 되는 문자열은 뒤집혀진 문자열이어야 합니다. 그래서 저는 for i in string[::-1]:와 같이 코드를 작성해 보았습니다. 이것은 입력된 문자열을 반대로 뒤집어서 i에 하나씩 저장하는 것입니다. 그리고 우리가 처음 만들어 둔 빈 공간 result에 글자를 하나씩 더해서 업데이트 result += i하고 이 result를 출력하면 될 것 같습니다. 아래는 제가 처음 작성한 코드입니다.

```
# 문제 5: 문자열 반전 함수
# 함수 이름: reverse_string
# 입력 매개변수: 문자열(s)
# 반환 값: 거꾸로 된 문자열
# 예시:
# reverse_string("hello")의 반환 값은 "olleh"

result = ' '
def reverse_string(string):
    for i in string[::-1]:
        result += i
        print(result)
```

문자열 반전 함수 코드

두근두근하는 마음으로 코드를 실행해 보았습니다. 하지만 아래와 같이 바로 에러 메시지가 떴습니다.

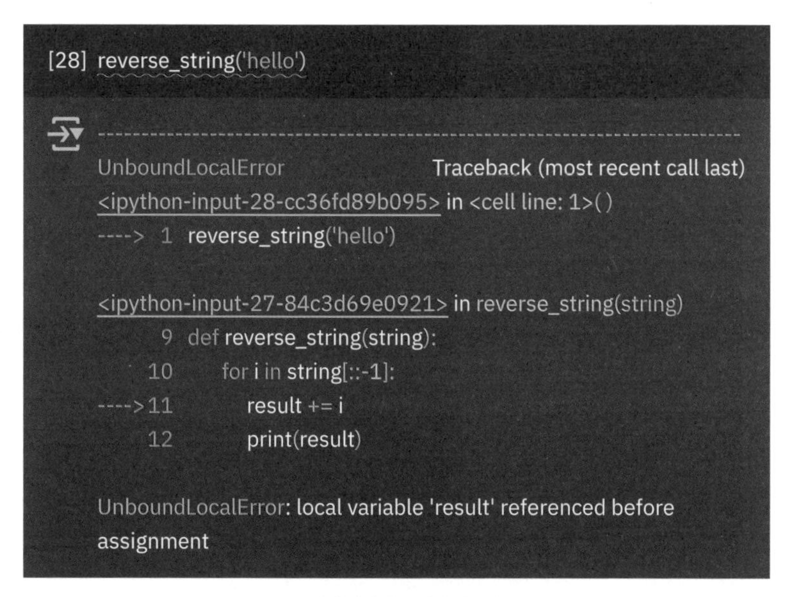

문자열 반전 함수 에러 메시지

살펴보니 `local variable 'result' referenced before assignment`이라는 오류 메시지와 함께 11행 `result += i`에 문제가 있다고 합니다. 이 메시지를 그대로 챗GPT에 넣어 알아보았습니다.

Prompt local variable 'result' referenced before assignment가 뭐야?

`local variable 'result' referenced before assignment`라는 오류 메시지는 파이썬 프로그래밍을 하다가 종종 보게 되는 것으로, 이 메시지는 로컬 변수 `result`

가 선언되기 전에 참조되었다는 것을 의미합니다. 이 오류가 발생하는 주된 이유는 함수나 코드 블록 내에서 변수에 값을 할당하기 전에 그 변수를 사용하려 했기 때문입니다.

오류의 원인

파이썬에서는 변수가 선언되고 나서야 사용할 수 있습니다. 변수에 값을 할당하는 것이 바로 선언의 한 형태입니다. 따라서 변수를 먼저 사용하려고 하면, 파이썬 인터프리터는 그 변수가 존재하지 않는다고 판단하고 위와 같은 오류를 발생시킵니다.

예시와 해결 방법

다음과 같은 코드에서 이 오류가 발생할 수 있습니다.

```python
def calculate_sum(a, b):
    result += a + b  # result가 선언되지 않은 상태에서 사용되었음
    return result

print(calculate_sum(5, 3))
```

이 코드에서 result는 초기화되지 않은 채로 사용되려 했습니다. 파이썬은 result가 어떤 값도 할당받지 않았다고 판단하고, result를 사용하기 전에 할당을 요구합니다.

해결 방법

위 코드에서 오류를 수정하려면, result를 사용하기 전에 적절한 값으로 초기화해야 합니다.

```python
def calculate_sum(a, b):
    result = 0  # result를 0으로 초기화
    result += a + b
    return result

print(calculate_sum(5, 3))
```

이제 result는 함수 내에서 올바르게 초기화되었고, 그 후 a와 b의 합을 더하는 용도로 사용됩니다. 이렇게 수정하면 local variable 'result' referenced before assignment 오류는 해결됩니다.

이러한 유형의 오류는 변수의 스코프와 초기화에 대한 이해를 필요로 하며, 특히 함수 내에서 로컬 변수를 사용할 때 주의해야 합니다.

제가 작성한 코드의 주요 문제는 함수 밖에서 result가 전역 변수• 로 선언되어 있지만, 함수 reverse_string 내부에서 수정을 시도하고 있다는 점입니다. 챗GPT가 예시로 든 해결 방법을 토대로 저는 11행의 result = ''라는 코드를 함수 안에 넣어서 전역 변수를 사용하지 않고 함수 안에서 result가 처리되도록 해보았습니다. 그리고 다시 코드를 실행해 보았습니다.

• 파이썬에서 전역 변수(global variable)는 프로그램의 어디서나 접근할 수 있는 변수를 말합니다. 전역 변수는 함수나 클래스 외부에서 정의됩니다. 좀 더 자세한 사항이 궁금하면 챗GPT에게 "파이썬 전역변수가 뭐야?"라고 질문해 보세요.

```
# 문제 5: 문자열 반전 함수
# 함수 이름: reverse_string
# 입력 매개변수: 문자열(s)
# 반환 값: 거꾸로 된 문자열
# 예시:
# reverse_string("hello")의 반환 값은 "olleh"

def reverse_string(string):
  result = ''
  for i in string[::-1]:
    result += i
    print(result)
```

```
[30] reverse_string('hello')
```

```
o
ol
oll
olle
olleh
```

문자열 반전 함수 수정 코드

다행히 글자를 뒤집어주긴 하는데, 한 가지 문제가 있습니다. 마지막 최종 결과인 'olleh'만 출력해야 하는데 그 단계의 결과물을 모두 출력하고 있습니다. 이런 경우 대부분 print( ) 함수의 위치 문제일 경우가 많습니다. 현재 코드의 print(result)를 for 루프의 바깥으로 이동시켜서 함수가 문자열을 전부 뒤집은 후에 최종 결과만을 출력하도록 합니다. 드디어 최종 결과물이 나왔습니다. 두근대는 마음으로 다시 실행해 볼까요?

```
[31] # 문제 5: 문자열 반전 함수
     # 함수 이름: reverse_string
     # 입력 매개변수: 문자열(s)
     # 반환 값: 거꾸로 된 문자열
     # 예시:
     # reverse_string("hello")의 반환 값은 "olleh"

     def reverse_string(string):
       result = ''
       for i in string[::-1]:
         result += i
       print(result)

[30] reverse_string('hello')

olleh
```

문자열 반전 함수 최종 코드

해당 코드가 우리가 원하는 방식으로 잘 작동되고 있습니다. 성공입니다! 참, 한 가지 더 남은 것이 있습니다. 나중에 이 코드를 보더라도 한 번에 알 수 있도록 각 줄에 주석을 다는 것이 좋겠습니다. 사실 주석은 코드를 작성하면서 바로 작성하는 것이 좋은데요. 이번에는 간단한 코드이기 때문에 코드를 짠 후 다음과 같이 챗GPT에게 부탁해 보았습니다. 결과물은 독자 여러분께서 직접 확인해 보시기 바랍니다.

(Prompt) 아래의 코드에 대해 자세한 주석을 달아줘.

몇 번의 오류 메시지와 시행착오가 있었지만 훌륭하게 코드를 완성했습니다. 아무리 뛰어난 프로그래머라도 완벽한 코드를 한 번에 쓸 수는 없습니다. 매번 오류 메시지를 받으면서 이 오류가 무엇인지 그리고 왜 이런 오류가 발생했는지를 살펴보아야 합니다. 그리고 오류를 해결하기 위해서는 코드를 어떻게 수정해야 하는지 항상 고민해야 합니다. 저는 마지막으로 위 코드에 대해 챗GPT의 도움을 받아 가장 개선된 코드를 다시 작성했습니다.

```python
def reverse_string(string):
    print(string[::-1])

reverse_string("hello")
```

문자열 반전 함수 개선된 코드

개선된 코드는 단 두 줄로 마무리하고 있네요. 특히 이 방식은 for 반복문을 사용하지 않으므로 문자열이 매우 긴 경우 성능상의 큰 이점을 제공합니다. 다시 말씀드리면 문제를 해결하는 방식은 한 가지가 아닙니다. 한 문제에 대해서도 다양한 해결책이 있음을 명심하시고 가장 좋은 방법을 찾아가는 노력을 기울여야 합니다. 챗GPT가 그 노력의 여정에 좋은 동료이자 선생님이 되어줄 것입니다. 자, 함수를 마쳤습니다. 이번 한 주도 정말 수고 많으셨습니다!

6주 차:
클래스(Class)와 객체(Object)

지난주에는 함수에 대해 배웠습니다. 함수는 특정한 기능을 하는 일련의 코드를 하나의 이름으로 묶은 것입니다. 우리는 실제로 섭씨온도를 화씨온도로 만드는 함수나, 문자열을 입력하면 문자열을 뒤집어보는 함수를 만들어보았습니다. 함수는 코드의 재사용성을 높여주고 코드 구성을 간단하게 만들어주며 코드의 유지 보수도 수월하게 해 주는 등 프로그래밍을 더 효율적으로 만드는 여러 가지 이점을 제공합니다. 꼭 복습을 통해 마스터하시기를 부탁드립니다.

사실 파이썬의 가장 핵심적인 부분은 이미 끝났습니다. 파이썬뿐만 아니라 모든 프로그래밍 언어의 핵심적인 부분은 조건문과 반복문 그리고 변수와 함수 등을 적절히 사용하여 컴퓨터의 동작을 제어하고 원하는 결과물을 만드는 것이기 때문입니다. 따라서 지금까지의 내용만을 잘 이해하고 연습하는 것만으로 독자 여러분께서는 파이썬 초급 단계의 수준에 도달했다고 해도 과언이 아닙니다.

이번 주에는 클래스(Class)와 객체(Object)에 대해 알아보겠습니다. 사실 이 부분은 우리가 다루는 모든 내용 중에 가장 어려운 내용입니다. 초급 단계에서 이해가 어려울 경우 훑어만 보시고 넘기셔도 되지만 사실 파이썬 초급에서 중급으로 나아가기 위해서는 꼭 이해가 필요한 내용이기도 합니다. 도대체 클래스가 무엇일까요?

Prompt 나는 파이썬을 처음 배우는 사람이야. 파이썬 클래스(class)와 객체(object)가 무엇인지 아주 쉽고 자세히 설명해줘.

파이썬에서 클래스와 객체에 대해 배우는 것은 객체 지향 프로그래밍의 중요한 부분입니다. 이 개념들을 이해하는 것은 처음에는 조금 복잡해 보일 수 있지만, 간단한 비유를 통해 쉽게 설명해 드릴 수 있습니다.

클래스(Class)

클래스는 하나의 큰 틀이나 설계도 같은 것입니다. 예를 들어, 자동차를 만들기 위한 설계도라고 생각하면 쉽습니다. 이 설계도에는 자동차가 어떻게 생겼는지(속성), 자동차가 할 수 있는 일은 무엇인지(메소드)에 대한 정보가 담겨 있습니다.

- 속성(Attributes): 이는 클래스가 가질 수 있는 데이터의 종류를 말합니다. 자동차 클래스의 경우, 속성으로는 색깔, 브랜드, 연료 유형 등이 있을 수 있습니다.
- 메소드(Methods): 클래스에 속한 함수들로, 해당 클래스의 객체가 수행할 수 있는 행동을 정의합니다. 예를 들어, 자동차 클래스는 drive, reverse, stop 같은 메소드를 포함할 수 있습니다.

객체(Object)

객체는 클래스의 인스턴스, 즉 클래스 설계도를 바탕으로 만들어진 실제 사례입니다. 자동차 클래스의 설계도를 사용하여 실제 자동차를 만들었다고 생각하면 됩니다. 각 자동차(객체)는 같은 설계도(클래스)를 기반으로 하지만, 각자 다른 색깔을 가질 수 있고, 다른 브랜드일 수 있습니다. 이렇게 만들어진 각각의 자동차가 바로 객체입니다.

클래스와 객체의 관계
클래스는 객체를 만드는 틀로서 사용됩니다. 즉, 클래스는 메타데이터, 속성, 행동을 정의하고, 객체는 그 정의를 기반으로 생성된 실체입니다.

챗GPT의 설명에 따르면 클래스는 하나의 큰 틀이나 설계도 같은 것입니다. 예를 들어, 자동차를 만들기 위한 설계도라고 생각하면 쉽습니다. 이 설계도에는 자동차가 어떻게 생겼는지(색깔, 브랜드, 연료 유형 등), 자동차가 할 수 있는 일은 무엇인지(전진, 후진, 멈춤 등)에 대한 정보가 담겨 있습니다. 여기서 자동차의 생김새는 속성(attributes)이라고 부르고, 자동차가 할 수 있는 일은 메서드(methods)라고 부릅니다. 메서드는 클래스 안에 있는 함수라고 생각하시면 됩니다. 그리고 클래스 자체는 설계도이므로 실제 차는 아닙니다. 하지만 객체는 클래스의 인스턴스, 즉 클래스 설계도를 바탕으로 만들어진 실제 사례입니다. 자동차 클래스의 설계도를 사용하여 실제 자동차를 만들었다고 생각하면 됩니다.

그렇다면 클래스는 왜 필요한 것일까요? 사실은 우리가 여태까지 사용한 모든 변수, 자료형 등이 모두 사전에 정의된 클래스를 바탕으로 만들어진 객체입니다. 예를 들어, 아래 예시에서 변수 'a'는 클래스 int로부터 만들어진 객체이고, 클래스 int에서 제공하는 메서드인 덧셈, 뺄셈 등 연산자를 활용했습니다. 자세한 내용은 코랩에 help(int)를 입력하여 살펴보세요.

```
a = 3
type(a)
--> int

help(int)
--> Help on class int in module builtins:
class int(object)
 | int([x]) -> integer
 | int(x, base=10) -> integer
          ⋮
```

클래스는 우리에게 필요한 여러 가지 기능을 하나로 묶은 큰 꾸러미와 같은 것입니다. 데이터의 속성과 다양한 함수를 하나의 단위로 묶어 캡슐화할 경우(꾸러미를 만들 경우), 이 캡슐을(이 꾸러미를) 언제든지 재사용할 수 있습니다. 또한 클래스는 상속이 가능해서 한 클래스의 속성과 메서드를 다른 클래스가 물려받을 수도 있습니다. 이를 통해 복잡한 프로그램을 보다 쉽고 간단하게 관리할 수 있습니다. 이렇게 클래스를 중심으로 프로그램을 짜는 것을 객체지향 프로그래밍(OOP, Object-Oriented Programming)이라고 합니다.

이제 파이썬 클래스를 어떻게 작성하는지에 대해 살펴보겠습니다.

Prompt 파이썬 클래스를 작성하는 기본적인 형식에 대해 아주 쉽고 자세하게 알려줘.

파이썬에서 클래스를 작성하는 것은 프로그램에 구조를 제공하고, 코드를 재사용할 수 있게 하는 좋은 방법입니다. 클래스는 하나의 큰 틀로, 속성(데이터)과 메서드(행동)를 정의할 수 있습니다. 이를 이해하기 위해, 실제 세계에서 볼 수 있는 사물을 예로 들어 클래스를 만드는 방법을 설명하겠습니다. 가장 간단한 형태의 클래스를 만들어 보겠습니다.

클래스 정의

클래스를 정의하기 위해 class 키워드를 사용하고, 클래스의 이름을 정의합니다. 클래스 이름의 첫 글자는 대문자로 시작하는 것이 일반적인 규칙입니다.

예제: 강아지 클래스 만들기

예를 들어, 강아지를 표현하는 클래스를 만든다고 생각해 봅시다. 강아지는 이름과 나이를 가질 수 있고, 짖을 수 있습니다.

```python
class Dog:
    # 생성자 메서드: 객체가 생성될 때 자동으로 호출됩니다.
    def __init__(self, name, age):
        self.name = name    # 강아지의 이름
        self.age = age      # 강아지의 나이

    # 강아지가 짖는 행동을 나타내는 메서드
    def bark(self):
        print(f"{self.name} says woof!")
```

설명

1. 클래스 선언: class Dog:은 Dog라는 이름의 클래스를 시작합니다.

2. 생성자 __init__ 메서드: 이 메서드는 객체가 생성될 때마다 호출되어 객체의 초기 상태를 설정합니다. 여기서 self는 현재 객체의 인스턴스를 나타냅니다. name과 age는 외부에서 받아오는 매개변수로, 강아지의 이름과 나이를 설정합니다.
3. 인스턴스 변수: self.name과 self.age는 인스턴스 변수로, 각 객체의 고유한 데이터를 저장합니다.
4. 메서드: bark는 클래스의 메서드로, 특정 동작(짖기)을 수행합니다. 이 메서드에서 self.name을 사용하여 강아지의 이름과 함께 짖는 소리를 출력합니다.

객체 생성 및 사용

이 클래스를 기반으로 강아지 객체를 생성하고 메서드를 호출해보겠습니다.

```python
# 객체 생성
my_dog = Dog("Rex", 4)

# 객체의 메서드 사용
my_dog.bark() # 출력: Rex says woof!
```

여기서 my_dog는 Dog 클래스의 인스턴스(객체)이며, "Rex"라는 이름과 4라는 나이를 갖습니다. my_dog.bark()를 호출하면, 정의된 메서드에 따라 "Rex says woof!"라고 출력됩니다.

챗GPT가 예시로 든 강아지 클래스를 살펴보겠습니다. 먼저, 클래스를 선언하겠습니다. 클래스 선언은 간단합니다. class 뒤에 클래스의 이름을 쓰고 콜론(:)을 쓰면 됩니다. 다음부터는 조금 어려운데요, 생성자 __init__ 메서드라는 것이 필요합니다. init은 '초기화한다'는 의미의 'initialize'의 약자이고 언더바 두 개('_')는 파이썬에서 미리 정해 놓은 메서드라는 뜻입니다. 그래서 def __init__( )은 클래스의 객체가 만들어질 때('강아지'라는 설계도에 의해 실제 강아지가 만들어질 때) 자동으로 호출되어 객체(실제 강아지)가 생성될 때마다 객체의 초기 상태(이름이나 나이)를 설정합니다. 여기서 self는 현재 객체의 인스턴스*를 나타냅니다. 그리고 'name'과 'age'는 외부에서 받아오는 매개변수로, 강아지의 이름과 나이를 설정합니다. 아랫줄에 self.name과 self.age는 인스턴스 변수라는 것으로, 각 객체의 고유한 데이터를 저장합니다.

어려우시죠? 이 부분은 이해하기가 매우 어렵다는 것을 저도 매우 잘 알고 있습니다. 독자 여러분께서는 한꺼번에 이해하려고 하지 마시고, 먼저 '이런 것이 있구나.' 정도로 편한 마음으로 살펴보고 직접 코드를 짜보면서 챗GPT에게 구체적인 정보를 요청해보세요. 다음으로 특정 동작을 수행하기 위한 함수 즉 메서드가 필요합니다. bark는 Dog 클래스의 메서드로, 강아지의 특정 동작(짖기)을 수행하기 위한 일종의 함수입니다. 이 메서드에서 self.name과 print( ) 함수를 사용하여 강아지의 이름과 함께 짖는 소리를 출력합니다.

자, 이제 클래스(강아지 설계도 class Dog)를 기반으로 강아지 인

---

* 인스턴스는 클래스에서 생성된 구체적인 객체를 말합니다. 앞에서 설명드린 '객체'와 구별하기 어려우실 수 있습니다. 간단하게 말씀드리면 객체는 보다 일반적인 용어로, 데이터와 기능의 묶음을 의미하며, 인스턴스는 특정 클래스로부터 생성된 객체를 지칭하는 데 사용됩니다. 챗GPT에게 인스턴스와 객체의 차이에 대해 구체적인 예시와 함께 설명해달라고 요청해보세요.

스턴스(실제 강아지: my_dog)를 생성하고 강아지의 행동(짖기)을 호출해 보겠습니다.

```python
# 객체 생성
my_dog = Dog("Rex", 4)

# 객체의 메서드 사용
my_dog.bark() # 출력: Rex says woof!
```

클래스 호출

my_dog는 class Dog의 인스턴스(객체)입니다. 쉽게 말해 my_dog는 Dog 클래스에 의해 탄생되는 것입니다. 그리고 my_dog는 "Rex"라는 이름과 4라는 나이를 갖습니다. my_dog.bark( )를 호출하면, 클래스에서 정의된 메서드에 따라 "Rex says woof!"라고 출력됩니다.

지금까지 클래스와 객체가 무엇인지 그리고 클래스를 어떻게 만드는지 간단하게 살펴보았습니다. 말씀드렸듯이 이 부분은 완벽하게 이해하려고 하지 마시고 코딩을 먼저 해보면서 개념을 잡아보세요. 자전거가 움직이는 모든 원리를 이해하고 자전거를 타는 사람이 없듯이 클래스도 일단 만들어보는 것이 더 중요합니다. 이 과정에서 생기게 되는 여러 가지 의문들은 챗GPT와 소통을 통해 해결할 수 있습니다. 질문을 하고 이를 해결하는 과정을 통해 클래스에 대한 이해가 좀 더 깊어질 수 있습니다.

Prompt 파이썬 클래스를 연습할 수 있는 아주 쉬운 연습 문제 하나만 내줘.

물론입니다! 다음은 파이썬 클래스를 연습할 수 있는 또 다른 초급 연습문제입니다:

문제: 간단한 책 클래스 만들기

요구 사항:

1. Book이라는 이름의 클래스를 만듭니다.
2. 이 클래스는 책의 제목(title)과 저자(author)를 초기화할 수 있는 생성자를 가져야 합니다.
3. 책의 제목과 저자를 출력하는 describe 메서드를 만듭니다.

예시:

```python
my_book = Book("1984", "George Orwell")
my_book.describe( ) # 출력: "1984 by George Orwell"
```

이 문제는 객체의 기본적인 속성을 초기화하고 간단한 메서드를 통해 객체의 정보를 출력하는 방법을 연습하는 데 좋습니다. 클래스를 정의하고 인스턴스를 생성하여, 제공된 메서드를 사용해 보세요!

챗GPT에게 파이썬 클래스를 연습하기 위한 쉬운 연습 문제 하나를 요청했습니다. 앞에서 예시로 든 class Dog와 거의 유사하므로 독자 여러분께서도 class Dog를 참고하여 작성해보시기 바랍니다. 저는 다음과 같이 코드를 작성했습니다.

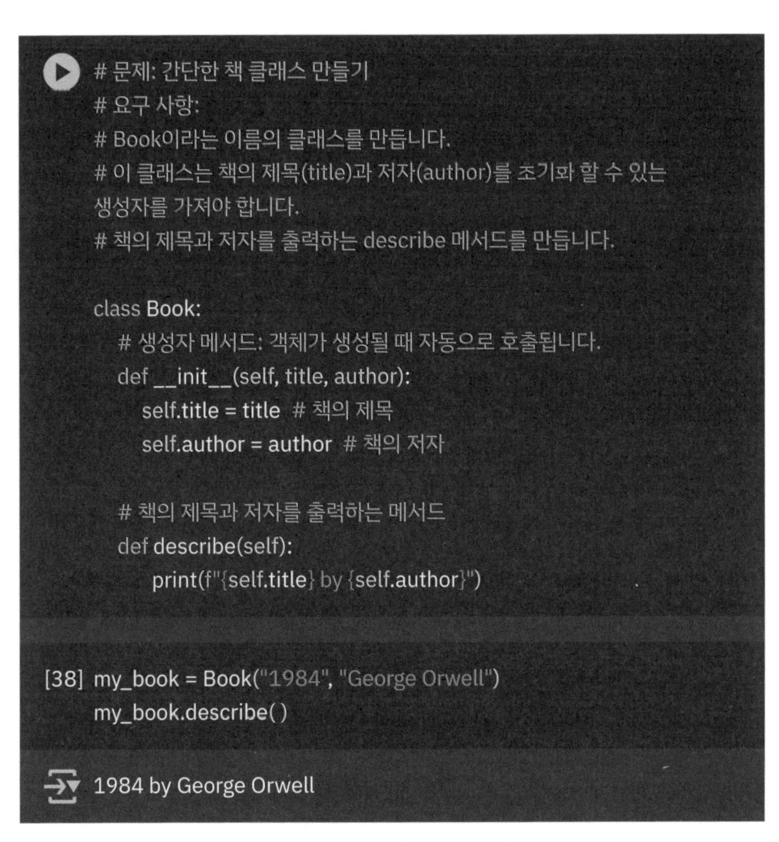

간단한 책 클래스 만들기 코드 예시

저는 코드 작성 이후 "문제: 간단한 책 클래스 만들기 답을 알려줘."라는 프롬프드를 이용해 챗GPT에게 위 문제에 대한 답을 요구했습니다. 답을 보니 제가 쓴 것과 같네요! 처음에는 클래스, 객체, 인스턴스, 생성자 등의 개념이 무척 낯설고 문제 하나를 푸는 데도 굉장히 오랜 시간이 걸렸습니다. 하지만 연습이 더해질수록 클래스 개념이 들어간 코드가 친근해지고 이에 대한 이해도가 높아진 것을 경험했습니다. 저희 책의 목표는 '코딩 리터러시'를 키우는 것입니다. 파이썬 클래스를 이용하여 완벽한 프로그램을 짜지는 못하더라도 코드를 보면서 '아, 이건 이런 내용이구나.'라고 알 수 있는 것도 대단한 일입니다.

다음은 파이썬 클래스를 연습하기 위한 다른 문제입니다. 독자 여러분께서도 어렵지만 한번 도전해보세요. 이 문제를 해결할 수 있다면 이제 파이썬 클래스에 대해 많은 부분을 이해하고 있다는 증거입니다. 그리고 챗GPT에게 전체 답•이 아니라 힌트를 요청하시고, 코드에 대한 구체적인 설명을 요구하세요. 독자 여러분의 행운을 빕니다. 이번 한 주도 정말 수고 많으셨습니다!

좋습니다! 여기 파이썬 클래스를 연습할 수 있는 초급 연습문제를 하나 제안드립니다:

문제: 간단한 은행 계좌 클래스 만들기

요구 사항:

1. BankAccount라는 이름의 클래스를 만듭니다.
2. 이 클래스는 계좌의 초기 잔액을 설정할 수 있는 생성자를 가져야 합니다. 만약 초기 잔액이 제공되지 않으면 기본적으로 0을 가집니다.
3. 계좌에 돈을 입금하는 deposit 메서드를 만듭니다. 이 메서드는 입금할 금액을 인자로 받습니다.
4. 계좌에서 돈을 출금하는 withdraw 메서드를 만듭니다. 이 메서드는 출금할 금액을 인자로 받고, 출금 후의 잔액을 반환합니다. 출금하려는 금액이 잔액보다 많으면 "Insufficient funds"를 출력합니다.
5. 현재 계좌의 잔액을 반환하는 get_balance 메서드를 만듭니다.

• 문제에 대한 답은 챗GPT에게 "문제: 간단한 은행 계좌 클래스 만들기 답을 알려줘."라고 요청하시면 됩니다.

7주 차:
파일 읽고 쓰기 및 프로젝트

드디어 마지막 주입니다. 지난 6주 차에는 클래스와 객체에 대해 배웠습니다. 중급으로 가는 관문이라 꽤 어려우셨을 것이라 생각됩니다. 이번 7주 차에는 파일을 읽고 쓰는 법을 배우겠습니다. 그리고 이제까지 배운 여러 가지 개념들을 활용하여 실제 프로젝트 하나를 해보겠습니다.

사람들이 파이썬 프로그램을 배우고 싶은 중요한 이유 중 하나가 바로 '실생활의 문제'를 해결하기 위함일 것입니다. 예를 들어 매번 반복적으로 수행하는 문서 작업을 자동화시키거나 특정 키워드로 검색한 결과를 자동으로 스크랩하는 등 일상생활의 불편함을 파이썬을 통해 쉽게 해결할 수 있기 때문입니다. 이번 마지막 주에 다룰 파일 읽고 쓰기는 파이썬이 외부 데이터를 읽고 처리하며 그 결과물을 다시 외부로 내보내는 작업입니다. 이 부분을 알아야 파이썬을 통해 실생활의 데이터를 다룰 수 있습니다.

Prompt 파이썬에서 파일을 읽고 쓰는 방법에 대해 쉽고 자세하게 설명해줘.

파이썬에서 파일을 읽고 쓰는 방법은 상당히 간단합니다. 기본적으로 파일을 다루는 작업은 파일을 열고, 내용을 읽거나 쓰고, 파일을 닫는 과정으로 이루어집니다. 여기에 파일을 읽고 쓰는 기본적인 예제들을 소개하겠습니다.

1. 파일 읽기

파일에서 데이터를 읽는 가장 간단한 방법은 open( ) 함수를 사용하는 것입니다. open( ) 함수는 파일 이름과 함께 파일을 여는 모드를 지정하는 문자열을 인자로 받습니다. 파일을 읽기 모드로 열려면, 모드로 'r'을 사용합니다.

예제: 텍스트 파일 읽기

```python
# 파일 열기
with open('example.txt', 'r') as file:
    # 파일 전체 내용 읽기
    content = file.read( )
    print(content)

# 파일 닫기는 with 문을 사용하면 자동으로 처리됩니다.
```

with 문은 파일을 자동으로 닫아주기 때문에 파일 작업 후에 close( )를 호출할 필요가 없습니다. read( ) 함수는 파일의 전체 내용을 문자열로 반환합니다. 파일이 크면 readline( )이나 readlines( ) 함수를 사용할 수도 있습니다.

2. 파일 쓰기

파일에 데이터를 쓰려면, 'w' 모드로 파일을 엽니다. 'w' 모드는 파일이 이미 존재하면 그 내용을 삭제하고 새로 쓰기 시작합니다. 추가 모드 'a'는 파일 끝에 새로운 내용을 추가합니다.

예제: 텍스트 파일 쓰기

```python
# 파일을 쓰기 모드로 열기
with open('example.txt', 'w') as file:
    # 파일에 텍스트 쓰기
    file.write("Hello, world!\n")
    file.write("This is another line.")

# 파일은 with 블록을 벗어나면 자동으로 닫힙니다.
```

위 코드는 'example.txt' 파일을 열고, 두 줄의 텍스트를 파일에 씁니다. 각 write( ) 호출은 문자열을 파일에 직접 씁니다.

항상 그래 왔듯이 챗GPT 질문을 통해 파이썬에서 파일을 읽고 쓰는 방법에 대해 알아보았습니다. 기본적으로 파이썬에서 외부 파일을 여는 방법은 open( ) 함수를 이용하는 것입니다. 파이썬이 예시로 보여준 코드에 대해 좀 더 자세한 정보가 필요해 다음과 같이 추가 요청해 보았습니다.

Prompt 다음 코드를 라인별로 아주 자세히 설명해줘.

```
with open('example.txt', 'r') as file:
  content = file.read( )
  print(content)
```

이 코드는 'example.txt' 파일을 읽고 그 내용을 출력하는 간단한 파이썬 스크립트입니다. 각 라인별로 자세한 설명을 아래에 제공하겠습니다:

1. 파일 열기

```python
with open('example.txt', 'r') as file:
```

- open() 함수는 파일을 열 때 사용됩니다. 이 함수는 최소 두 개의 인자를 받습니다: 첫 번째 인자는 열 파일의 이름이며, 두 번째 인자는 파일을 열 모드입니다.
- 'example.txt'는 이 함수가 열려고 하는 파일의 이름입니다.
- 'r'은 파일을 읽기 모드로 열겠다는 것을 나타내는 모드 인자입니다. 읽기 모드는 파일의 내용을 읽기만 할 수 있고, 수정하거나 추가할 수 없습니다.
- as file은 열린 파일 객체를 file이라는 변수에 할당합니다. 이 변수를 통해 파일에 접근하고 작업을 수행할 수 있습니다.
- with 구문은 컨텍스트 매니저를 사용하는 방식입니다. 컨텍스트 매니저는 진입할 때와 빠져나올 때 자동으로 설정과 정리 작업을 수행합니다. 이 경우, 파일을 자동으로 닫아주기 때문에 명시적으로 close( )를 호출할 필요가 없습니다. 파일을 안전하게 다루면서 예외 발생 시에도 파일이 올바르게 닫히도록 보장합니다.

2. 파일 내용 읽기

```python
    content = file.read( )
```

- file.read( ) 메소드는 파일의 전체 내용을 한 번에 읽어서 문자열로 반환합니다. 이 문자열은 content라는 변수에 저장됩니다.
- content 변수는 이제 파일의 전체 내용을 담고 있으며, 이를 다른 용도로 활용할 수 있습니다.

3. 내용 출력

```python
print(content)
```

- print( ) 함수는 괄호 안의 값을 콘솔이나 다른 표준 출력 장치에 출력합니다.
- 이 경우 print(content)는 content 변수에 저장된 파일 내용을 출력합니다.

이 세 줄의 코드는 파일을 열고, 파일의 내용을 읽어서 그 내용을 출력하는 전체 프로세스를 담고 있습니다. 사용하는 함수와 메소드는 파이썬의 표준 라이브러리에 속해 있으며, 파일 입출력 작업을 수행할 때 매우 일반적으로 사용됩니다.

챗GPT가 각 코드 라인에 대해 상세한 설명을 하고 있습니다. open( )이라는 함수는 최소 두 개의 인자를 받는데 처음은 열 파일 이름이고 다음은 파일을 열 모드입니다. 예시에서는 'example.txt'라는 외부 파일을 'r'모드로 열겠다는 뜻입니다. 'r' 모드는 읽기 모드로 파일의 내용을 읽기만 할 수 있고, 수정하거나 추가할 수는 없습니다. 다시 말해 첫 줄은 'example.txt'라는 파일을 읽기 모드로 열어 파일의 객체를 'file'이라는 변수에 할당한다는 뜻입니다. 두 번째 줄 file.read( )은 file이라는 객체의 전체 내용을 한 번에 읽어서 문자열로 반환하라는 뜻입니다. 그리고 이 문자열은 'content'라는 변수에 저장됩니다. 그리고 마지막 줄에서 print(content)는 content 변수에 저장된 파일 내용을 출력합니다.

파이썬에서 파일을 읽는 데 사용할 수 있는 세 가지 메소드, 'read( )' 'readline( )' 'readlines( )'는 꼭 알아두시면 좋겠습니다. 예시에서 보았던 read( )가 파일 전체 또는 지정된 양의 문자를 하나의 큰 문자열로 반환한다면 readline( )은 호출될 때마다 파일에서 다음 한 줄을 읽어 문자열로 반환합니다. 마지막 readlines( )는 파일의 모든 줄을 한 번에 읽어 각 줄을 문자열 리스트로 반환합니다. 각 메서드의 차이를 좀 더 알고 싶다면 챗GPT에게 차이점을 예시와 함께 요청해 보시기 바랍니다.

다음으로는 챗GPT가 예시로 들었던 파일을 쓰는 방법에 대해 자세한 설명을 요청해 보겠습니다.

(Prompt) 다음 코드에 대해 라인별로 자세히 설명해줘.

```
with open('example.txt', 'w') as file:
    file.write("Hello, world!\n")
    file.write("This is another line.")
```

이 코드는 example.txt라는 파일을 쓰기 모드에서 열고, 두 줄의 텍스트를 그 파일에 쓴 다음 파일을 닫는 파이썬 스크립트입니다. 각 라인에 대한 자세한 설명은 다음과 같습니다:

1. 파일 열기

```python
with open('example.txt', 'w') as file:
```

- open( ) 함수는 첫 번째 인자로 파일명 'example.txt'를 받습니다. 이 파일이 존재하지 않으면 새로 생성되고, 이미 존재하면 기존 내용을 지우고 새로 쓰기 위해 열립니다.
- 두 번째 인자 'w'는 쓰기 모드를 의미합니다. 쓰기 모드('w')는 파일을 새로 쓰

기 위해 열 때 사용하며, 파일이 이미 존재할 경우 기존 내용을 삭제합니다.

- with 문을 사용하여 파일을 엽니다. with 문은 컨텍스트 매니저로써 파일 작업이 완료되면 파일을 자동으로 닫아주는 역할을 합니다. 이렇게 함으로써 파일 닫기를 명시적으로 호출할 필요가 없어 코드를 더 깔끔하고 안전하게 만들어 줍니다.
- as file 구문은 열린 파일 객체를 file이라는 변수에 바인딩하여, 이 변수를 통해 파일에 접근하고 작업을 수행할 수 있게 합니다.

2. 파일에 첫 번째 줄 쓰기

```python
file.write("Hello, world!\n")
```

- file.write( ) 메소드는 괄호 안의 문자열 "Hello, world!\n"을 파일에 씁니다.
- 여기서 \n은 개행 문자로, 이 문자열이 파일에 쓰여진 후 새로운 줄로 이동하게 만듭니다.
- write( ) 함수는 쓴 문자의 수를 반환합니다. 이 예에서는 반환값을 저장하거나 사용하지 않습니다.

3. 파일에 두 번째 줄 쓰기

```python
file.write("This is another line.")
```

- 다음 write( ) 메소드 호출은 "This is another line."이라는 문자열을 파일에 추가로 씁니다.
- 이 호출은 또한 문자열을 파일에 쓰고, 쓰인 문자의 수를 반환합니다. 이 경우에도 반환값은 사용되지 않습니다.
- 이 줄 뒤에는 개행 문자(\n)가 포함되지 않았으므로, 파일에는 이 문장이 이전 줄 바로 뒤에 이어서 쓰여집니다.

파이썬으로 파일을 쓰는 방법도 어렵지 않습니다. 챗GPT의 설명에 따르면 파일을 쓰기 위해서도 open() 함수가 필요합니다. 다만 open() 함수의 첫 번째 인자는 파일명을 쓰되 두 번째 인자는 쓰기 모드 'w'를 쓰면 됩니다. 만약 같은 이름의 파일이 존재하면 기존 내용 위에 새로 쓰게 되고, 파일명이 존재하지 않는 경우라면 그 이름으로 새로운 파일이 생성됩니다. 그리고 파일 읽기에서 본 것처럼 'as file'이라는 구문을 통해 파일 객체를 'file'이라는 변수에 할당합니다.

다음 줄에서 file.write() 메소드는 괄호 안의 문자열을 파일에 쓰라는 것입니다. 따라서 file.write("Hello, world!\n")라는 코드를 쓰면 파일 'example.txt'에 "Hello, World!"라는 글자를 쓰게 됩니다. 참고로 '\n' 표시는 이 문자열이 파일에 쓰여진 후 줄 바꿈을 하라는 뜻입니다. 이후 file.write("This is another line.")를 통해 "Hello, world!" 다음 줄에 "This is another line."을 쓸 수 있습니다. 독자 여러분께서도 직접 코드를 코랩에 작성해 보시고 실제로 'example.txt'라는 파일이 생성되었는지 확인해 보세요. 파일을 확인하려면 코랩 우측에 있는 아이콘 ■를 클릭하시면 됩니다. 우리가 만든 'example.txt'라는 파일이 만들어진 것을 확인할 수 있습니다. 파일을 더블클릭하면 코랩 오른편에 파일의 내용도 같이 확인할 수 있습니다.

지금까지 파이썬에서 파일 읽고 쓰기의 기초에 대해서 알아보았습니다. 현재 사용한 파일은 텍스트 파일이지만 파이썬에서는 별도의

파일 쓰기 예시

패키지•로 엑셀 파일을 읽고 쓸 수 있는 방법도 제공합니다. 궁금하신 독자 여러분께서는 챗GPT에게 다시 질문해보시기 바랍니다.

이제부터는 지금까지 배운 내용을 토대로 간단한 프로젝트 하나를 해보겠습니다. 프로젝트로는 무엇이 좋을까요? 저는 제가 정말 필요한 것을 한번 시도해보기로 했습니다. 저는 영어 공부를 하면서 모르는 단어가 나올 때마다 메모장으로 단어장을 만드는데요. 챗GPT가 제 단어장에 있는 단어를 읽어서 단어 시험을 내주면 어떨까하는 생각이 들었습니다. 제가 메모장에 단어와 한글 뜻을 정리하면 챗GPT가 그 중 단어 10개를 퀴즈로 내주고 채점까지 해주는 〈영어 단어 퀴즈 프로그램〉을 짜면 어떨까요? 좋습니다. 바로 시작해보겠습니다!

저는 〈영어 단어 퀴즈 프로그램〉이 어떤 방식으로 구현될지 머릿속에 있는 아이디어를 먼저 글로 구체화해 보았습니다.

• 파이썬에서 패키지는 하나 이상의 모듈을 모아 놓은 것으로, 코드를 조직적으로 관리할 수 있게 도와줍니다. 각 패키지는 특정 기능을 그룹화하여 다른 프로그램에서 재사용할 수 있도록 합니다.

Step 1. 〈영어 단어 퀴즈 프로그램〉 설계 및 구체화

콜론(:)을 기준으로 왼쪽에는 영어 단어, 오른쪽에는 빈칸과 한글 단어(예, apple: 사과)로 이루어진 텍스트 파일(word.txt)을 파이썬으로 열어서 영어 단어 퀴즈를 내주는 프로그램을 만들 것입니다. 프로그램이 텍스트 파일(word.txt)에 있는 영어 단어를 제시하면 사용자가 영어 단어에 해당하는 한글 뜻을 넣을 수 있도록 구성할 것입니다. 만일 사용자가 정답을 맞힐 경우 '맞았습니다.', 틀렸을 경우 '틀렸습니다. 아쉽네요. 정답은 '...' 입니다.'라는 메시지를 출력하고 정답을 알려줄 것입니다. 이후 다음 문제로 넘어갈 수 있도록 구성하고 문제마다 한 줄씩 띄워 보기 편하게 만들 것입니다. 총 10문제를 출제하고 한 문제당 10점씩 계산해서 마지막에 최종 점수(100점 만점)를 내줄 것입니다. 그리고 틀린 문제는 최종 점수와 함께 영어 단어와 한글 해석을 동시에 보여주도록 구성할 것입니다.

다음으로 위와 같은 프로그램을 짜기 위해서 무엇이 필요할지 생각해보겠습니다. 먼저 〈영어 단어 퀴즈 프로그램〉에 필요한 데이터를 마련해야 합니다. 저는 다음과 같은 텍스트 예시 파일을 만들어보았습니다.

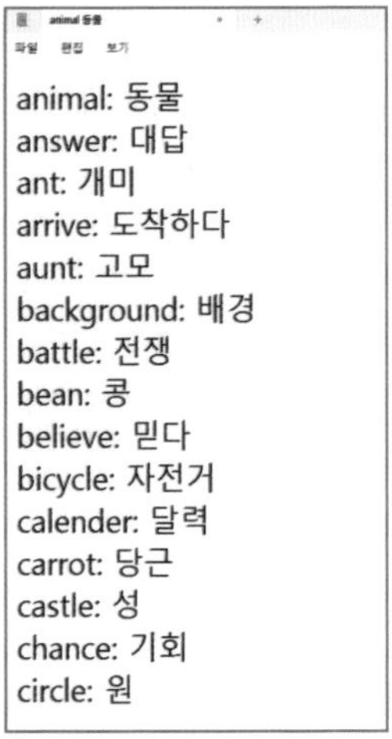

그리고 〈영어 단어 퀴즈 프로그램〉 구현을 위해 필요한 주요 기술들을 생각해보았습니다. 우선 파이썬 프로그램이 먼저 텍스트 파일을 읽어야 하므로 파일 입출력이 필요할 것입니다. 그리고 읽은 텍스트

```
animal: 동물
answer: 대답
ant: 개미
arrive: 도착하다
aunt: 고모
background: 배경
battle: 전쟁
bean: 콩
believe: 믿다
bicycle: 자전거
calender: 달력
carrot: 당근
castle: 성
chance: 기회
circle: 원
```

영어 단어 퀴즈 프로그램 예시 데이터

파일을 콜론(:)을 기준으로 영어 단어와 한글 해석으로 분리하는 등 데이터 처리가 필요하겠습니다. 또한 데이터 처리와 정답 및 오답 판별, 점수 카운드, 오답 누적 등을 위해 리스트와 사전, 반복문과 조건문이 사용될 것입니다. 또한 단어 퀴즈의 정답을 사용자가 입력하여야 하므로 사용자 입력이 필요하며, 전체적으로 퀴즈 실행과 파일 데이터를 불러오는 과정을 함수로 만드는 것이 필요합니다. 저는 챗GPT의 도움을 받아 위의 내용을 다음과 같이 구체화했습니다.

Step 2. 〈영어 단어 퀴즈 프로그램〉 구현을 위해 필요한 기술

1. 파일 입출력

파일 읽기: 텍스트 파일에서 데이터를 읽어오기 위해 파이썬의 내장 함수 open( )을 사용합니다. 이를 통해 파일을 열고, readline( )이나 readlines( ) 메서드를 사용해 파일의 내용을 읽습니다.

파일 닫기: 파일 작업이 끝나면 close( ) 메서드를 사용해 파일을 닫아 리소스를 해제합니다. 혹은 with 문을 사용해 파일을 열면, with 블록을 벗어날 때 자동으로 파일을 닫을 수 있습니다.

2. 데이터 처리

문자열 분리: 각 줄에서 영어 단어와 한글 뜻을 분리하기 위해 문자열의 split( ) 메서드를 사용합니다.

데이터 정제: 문자열에서 공백을 제거하거나 필요한 형태로 데이터를 변환하기 위해 strip( ), lower( ), upper( ) 등의 메서드를 사용할 수 있습니다.

3. 리스트와 사전

데이터 저장: 읽어온 데이터를 저장하고 관리하기 위해 리스트나 사전 구조를 사용할 수 있습니다. 사전을 사용하면 키-값 쌍으로 데이터를 관리하기 때문에 데이터 검색이 효율적입니다.

4. 반복문과 조건문

문제 출제 및 점수 계산: for 루프를 사용해 문제를 출제하고, 사용자의 입력에 따라 점수를 계산합니다. if-else 조건문을 사용해 사용자의 답이 정답과 일치하는지 판단합니다.

5. 사용자 입력

입력 받기: input() 함수를 사용해 사용자로부터 답변을 입력 받습니다.

6. 함수

코드 모듈화: 코드를 기능별로 분리하여 함수로 만드는 것이 좋습니다. 이는 코드의 재사용성을 높이고 유지·보수를 용이하게 합니다.

7. 예외 처리

에러 핸들링: 파일을 읽거나 쓸 때 발생할 수 있는 오류를 처리하기 위해 try-except 블록을 사용합니다.

8. 출력 형식 지정

결과 출력: 사용자에게 문제, 결과, 점수를 보여주기 위해 print() 함수를 사용합니다. 문자열 포매팅을 사용하여 출력 형식을 조절할 수 있습니다.

〈영어 단어 퀴즈 프로그램〉을 개발하는 데 필요한 기술적 부분들을 살펴보았습니다. 대부분 우리가 7주에 걸쳐 다루었던 내용들이라 낯설지는 않습니다. 다음으로는 실제 프로그램 작성 과정에 대해 살펴보겠습니다. 사실 프로그램을 작성할 때, 머릿속에서 알고리즘을 짜서 일필휘지(一筆揮之)로 코드를 써내려가는 것은 아무리 숙련된 프로그래머라도 거의 불가능에 가깝습니다. 대신 프로그램을 개발할 때는 크고 복잡한 문제를 작은 단위로 쪼개어 접근하는 '분할 정복(Divide and Conquer)' 방식을 사용합니다. 저도 〈영어 단어 퀴즈 프로그램〉을 구현하기 위해 이를 좀 더 작은 문제로 쪼개서 생각해 보았습니다. 이 부분이 낯설 경우 챗GPT의 도움을 받으세요.

Step 3. 〈영어 단어 퀴즈 프로그램〉 작성

1. 텍스트 파일에서 데이터를 불러오는 함수를 만든다.
- 파일을 읽기 모드로 열고, UTF-8 인코딩을 사용하여 내용을 읽음.
- 파일의 모든 줄을 리스트로 읽음.
- 각 줄을 콜론과 공백(": ")을 기준으로 분리하고, 앞뒤 공백을 제거하여 데이터 리스트 생성
- 정제된 데이터 리스트 반환

2. 퀴즈 실행 함수를 만든다.
- 파일로부터 데이터를 불러옴.
- 데이터 리스트를 무작위로 섞음.
- 점수를 저장할 변수 초기화
- 틀린 답을 저장할 리스트 초기화

- 출제할 문제 수를 데이터 길이와 10개 중 작은 값으로 설정
- 문제(단어)와 정답(뜻)을 추출
- 문제를 출력하고 사용자로부터 답을 입력 받음.
- 사용자의 답과 정답을 비교
- 정답일 경우 점수 증가
- 오답일 경우 틀린 답과 정답을 리스트에 추가
- 모든 문제가 끝난 후 최종 점수와 틀린 문제를 출력
- 틀린 답이 있는 경우 틀린 문제와 정답 출력

3. 파일 이름 설정(실제 파일 경로로 변경해야 함.)

4. 퀴즈 함수 실행

이제 프로그램을 개발할 준비를 마쳤습니다. 독자 여러분께서는 각 단계에 해당하는 내용을 코드로 어떻게 구현할지 고민해 보시기 바랍니다. 물론 챗GPT 질문을 통해 한 번에 멋진 코드를 받을 수도 있습니다. 하지만 저는 독자 여러분들이 최대한 스스로 코드를 작성해보시길 권합니다. 고민과 궁리를 하는 시간에 비례하여 코드에 대한 이해는 깊어집니다. 이후 자신이 작성한 코드를 코랩에서 실행해보시고 안 될 경우 챗GPT에게 추가로 질문해보기를 바랍니다. 그리고 챗GPT가 코드를 추천해 주었다면 그 코드를 완전히 이해하고 자기 것으로 만들 수 있도록 노력하세요. 저는 챗GPT의 도움을 받아 각 부분의 코드를 작성했고 다음과 같은 프로그램을 완성했습니다.

```
import random

# 텍스트 파일에서 데이터를 불러오는 함수
def load_data(filename):
    with open(filename, 'r', encoding='utf-8') as file:
        lines = file.readlines( )
    data = [line.strip( ).split(': ') for line in lines if line.strip( )]
    return data
# 퀴즈 실행 함수
def run_quiz(filename):
    # 데이터 불러오기
    data = load_data(filename)
    random.shuffle(data)  # 데이터를 무작위로 섞음

    score = 0
    wrong_answers = []

    # 최대 10개의 문제 출제
    quiz_count = min(10, len(data))
    for i in range(quiz_count):
        word, correct_answer = data[i]

        # 사용자에게 문제 제시
        print(f"\n문제 {i + 1}: {word}")
        user_answer = input("뜻을 입력하세요: ").strip( )

        # 정답 확인
        if user_answer == correct_answer:
            print("맞았습니다.")
            score += 10
        else:
            print(f"틀렸습니다. 아쉽네요. 정답은 '{correct_answer}'입니다.")
            wrong_answers.append((word, correct_answer))
```

```
    # 최종 점수와 틀린 문제 출력
    print(f"\n최종 점수는 {score}점입니다.")
    if wrong_answers:
        print("\n틀린 문제와 정답:")
        for word, correct_answer in wrong_answers:
            print(f"{word}: {correct_answer}")

# 파일 이름 설정 (실제 파일 경로로 변경해야 함)
filename = '/content/word.txt'
run_quiz(filename)
```

영어 단어 퀴즈 프로그램 코드

여기서 주의할 점은 코드 마지막에 있는 파일 이름을 설정하는 부분입니다. 이 부분은 우리가 사전에 작성한 데이터 'word.txt'가 어디에 있는지 파일의 경로를 적어주어야 하는 부분입니다. 우리는 코드를 실행하기에 앞서 'word.txt'라는 파일을 먼저 코랩 프로그램 안에 업로드를 해야 합니다.

코랩의 좌측을 보시면 세션 저장소에 저장하는 아이콘( )이 있습니다. 이 버튼을 이용하여 아래와 같이 content 밑에 'word.txt'가 위치하도록 업로드해 주세요. 만일 파일의 위치를 제대로 적어 주지 않는다면 코랩은 이 부분에서 오류 메시지를 띄울 것입니다. 만일 오류 메시지를 받으셨다고 하더라도 당황하지 마시고 오류 메시지를 그대로 챗GPT에 복사하여 오류의 원인을 파악하고, 챗GPT가 추천해준 해결 방안이나 추천 코드를 쓰시면 좋겠습니다.

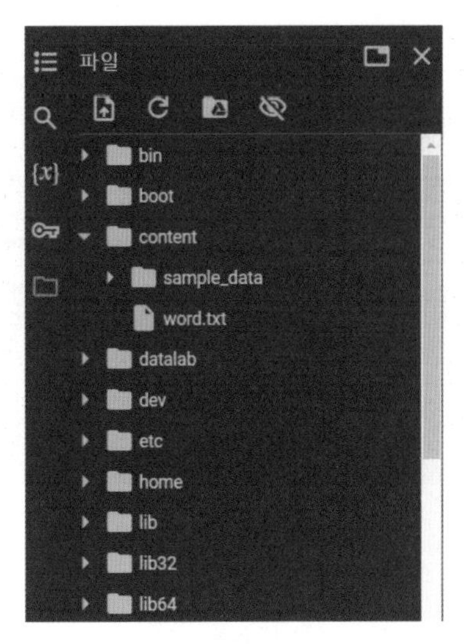

구글 코랩 파일 업로드

자, 이제 파일이 잘 구동되는지 시험을 해보겠습니다. 구글 코랩에서 Ctrl+Enter를 눌러 코드를 실행해보겠습니다.

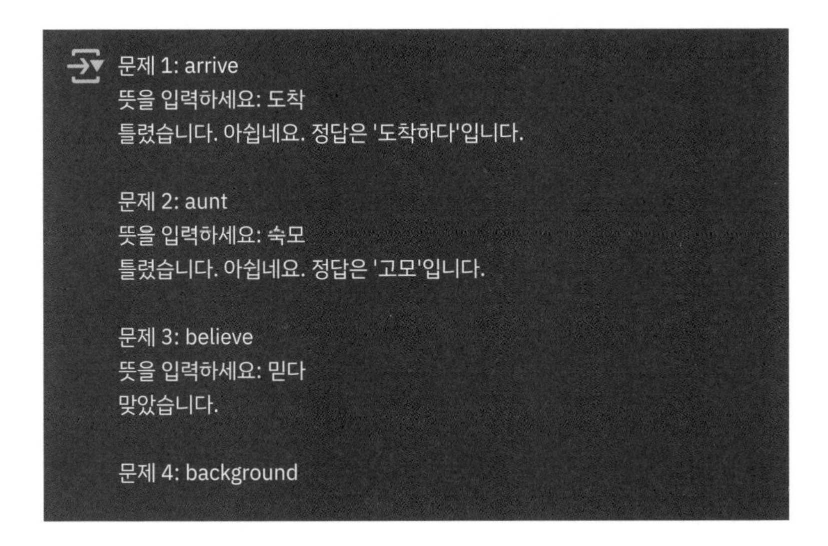

```
뜻을 입력하세요: 배경
맞았습니다.

문제 5: circle
뜻을 입력하세요: 도형
틀렸습니다. 아쉽네요. 정답은 '원'입니다.

문제 6: castle
뜻을 입력하세요: 성
맞았습니다.

문제 7: answer
뜻을 입력하세요: 응답
틀렸습니다. 아쉽네요. 정답은 '대답'입니다.

문제 8: bean
뜻을 입력하세요: 콩
맞았습니다.

문제 9: chance
뜻을 입력하세요: 도전
틀렸습니다. 아쉽네요. 정답은 '기회'입니다.

문제 10: carrot
뜻을 입력하세요: 당근
맞았습니다.

최종 점수는 50점입니다.

틀린 문제와 정답:
arrive: 도착하다
aunt: 고모
circle: 원
answer: 대답
chance: 기회
```

영어 단어 퀴즈 프로그램 실행 결과

코랩 실행을 통해 문제와 대답 구성, 최종 점수 계산, 그리고 틀린 문제와 정답 제시까지 제가 처음에 설계했던 대로 프로그램이 구현됨을 확인했습니다. 성공입니다!

만일 프로그램을 사용하다가 불편함이 생겨 코드를 수정해야 한다면 어떻게 해야 할까요? 이때도 챗GPT를 활용할 수 있습니다. 사용자의 수정사항을 구체적이고 자세한 프롬프트로 쓰면 챗GPT는 이에 맞게 프로그램 코드를 수정해서 제시해줍니다. 예를 들어 퀴즈 10문제가 끝난 이후 틀린 문항을 다시 모아 퀴즈로 만들어서 물어보라고 요청할 수도 있습니다. 중요한 점은 '자신이 무엇을 원하는지'를 확실히 아는 것과 자신이 원하는 것을 '명확한 언어'로 설명할 수 있어야 한다는 점입니다.

독자 여러분들께서도 자신만의 프로젝트를 계획해 보세요. 일상생활에서 반복적으로 수행했던 일이나 작지만 업무 효율을 높여줄 수 있는 프로그램이면 더욱 좋겠습니다. 물론 간단한 프로젝트라도 실제 코딩 과정에서는 파이썬의 많은 내용이 필요한 것이 사실입니다. 프로젝트에 필요한 파이썬의 모든 개념을 먼저 배우고 나서 완벽한 상태에서 시작하고 싶을 수도 있습니다. 하지만 이는 거의 불가능에 가까울 뿐 아니라 효율적이지도 않습니다. 조금 모르는 상태라도 직접 부딪치면서(코딩하면서) 챗GPT와 함께 코드를 배워나가는 것이 훨씬 좋은 방법입니다. 백문이 불여일타(打)라는 말처럼 아무리 많은 지식을 듣고 배웠어도 그것을 직접 코드로 쳐보지 않으면 아무 소용이 없습니다. 다행히 우리는 챗GPT라는 든든한 선생님이 있습니다. 두려워 말고 바로 시작해보세요.

프롤로그에서도 말씀드렸다시피 이 책의 가장 큰 목표는 독자 여러분께서 파이썬 코드를 읽고 쓸 수 있는 능력, 즉 코딩 리터러시를 기르는 것입니다. 프로그램 코드를 보실 때 독자 여러분들께서 처음에 계획했던 내용이 어떻게 코드로 실현되었는지를 주의 깊게 살펴보세요. 코딩 리터러시가 없다면 챗GPT가 짜주는 코드를 이해하지 못하여 챗GPT에 100% 의존할 수밖에 없습니다. 하지만, 코드 보는 '눈'이 생긴 이제는 챗GPT의 코드를 이해하고 더 나아가 코드를 자신에게 더 잘 맞는 방식으로 수정할 수도 있을 것입니다.

마지막 날:
혼자 하는 종강식

드디어 종강식입니다. 축하합니다. 마지막으로 지난 7주간 배운 것을 정리해보겠습니다. 먼저, 1주 차에는 변수와 자료형이 무엇인지 살펴보았습니다. 변수가 파이썬에 존재하는 다양한 타입의 데이터를 저장할 수 있는 공간의 이름이라면, 자료형은 정수형(int), 부동소수점형(float), 문자열(str)과 같이 변수에 저장된 데이터의 종류를 의미합니다. 또한 연산자의 의미와 다양한 연산자에 대해서도 알아보았습니다.

2주 차에는 다수의 데이터를 조직화하고, 관리하고, 처리하는 방법을 배웠습니다. 바로 파이썬 콜렉션 자료형 네 가지: 리스트(list), 튜플(tuple), 사전(dictionary), 집합(set)이었습니다.

3주 차에는 조건문에 대해서 살펴보았습니다. 가장 대표적으로 if-elif-else문이 있었습니다. if문 이하의 조건이 참이면 if 블록의 코드가 실행되고, 거짓(False)인 경우 elif문이 추가적으로 평가되고 실행되었습니다. 마지막 else문은 모든 if 및 elif 조건들이 거짓일 때 실행되는 부분입니다.

4주 차에 배운 반복문은 같은 일을 컴퓨터에게 여러 번 시킬 때 필요했습니다. 대표적으로 for 반복문, while 반복문이 있었고 각각의 차이점도 살펴보았습니다. 3, 4주 차에 배운 조건문과 반복문은 프로그램의 행동을 제어하는 데 핵심적인 부분이었습니다.

5주 차에는 함수에 대해 배웠습니다. def로 시작하는 함수 만드는 법 기억나시죠? 함수는 특정한 기능을 하는 일련의 코드를 하나의 이름으로 묶은 것입니다. 함수는 코드의 재사용성을 높여주고 코드 구성을 간단하게 하여 프로그래밍을 더 효율적으로 만들어줍니다.

6주 차에는 클래스와 객체에 대해 배웠습니다. 이때 많이 어려우셨죠? 파이썬 클래스는 실세계의 개체나 개념을 프로그램 안에서 모델링할 수 있도록 도와주는 틀입니다. 예를 들어, '자동차'라는 클래스를 만들면, 실제 자동차의 여러 기능과 속성을 코드로 표현할 수 있습니다. 그리고 '자동차' 클래스를 통해 비슷한 특성을 가진 여러 객체를 쉽게 생성할 수 있습니다. 클래스를 활용하여 프로그래밍을 하면(객체지향 프로그래밍) 프로젝트가 커져도 코드를 유지보수하고 이해하기가 훨씬 쉬워진다는 사실도 배웠습니다.

마지막 7주 차에는 파일 입출력에 대해서 배웠고, 실제 프로젝트를 수행해 보았습니다. 저는 〈영어 단어 퀴즈 프로그램〉을 구상했고 챗GPT의 도움으로 완성할 수 있었습니다.

이제 지난 50일간 진행했던 파이썬 도전기를 종료하려고 합니다. 저는 처음 목표한 대로 파이썬 코드를 읽고 쓸 수 있는 '힘'이 생겼습니다. 더 새로운 세계로 나아갈 수 있는 날개가 생긴 셈입니다. 50일간의 파이썬 도전기를 잘 따라와 주신 독자 여러분들께서도 저와 같은 날개가 생겼으리라 확신합니다. 그동안 정말 고생 많으셨습니다!

Epilogue

누구나 코딩하는 세상

수영을 배울 수 있는 가장 빠른 방법은 물에 들어가는 것이고 자전거를 배우는 가장 좋은 방법은 자전거를 타보는 것입니다. 지난 50일간 우리는 코딩을 배우기 위해 '실제로' 코딩을 해보았습니다.

챗GPT와 함께한 50일 파이썬 도전기를 통해 많은 변화가 생겼습니다. 가장 큰 변화는 코딩 까막눈-코맹에서 파이썬 코드를 읽고 쓸 수 있는 코딩 문해력(Coding Literacy)이 생겼다는 점입니다. 이제 어떤 파이썬 코드를 보더라도 적어도 이 코드가 무슨 말을 하고 있는지 이해할 수 있다는 자신감을 가지게 되었습니다. 또한 잘 이해가 안 되는 코드를 보더라도 내가 이 코드를 이해하기 위해서 '누구'에게 '어떤' 도움을 받을 수 있을지를 잘 알게 되었습니다.

코딩 문해력이 생기니 일에 대한 자신감이 생기기 시작했습니다. 맡고 있는 업무를 어떻게 하면 좀 더 쉽게 처리할 수 있을지, 다양한 교육 데이터에서 어떻게 인사이트를 가져올 수 있을지에 대한 아이디어가 떠오르기 시작했습니다. 그리고 그것을 실제로 만들어볼 수 있는 '힘'과 '도구'가 생겼습니다.

질문의 힘은 정말 대단합니다. 스스로 질문을 생성하고 해답을 찾아가는 과정은 우리를 좀 더 능동적인 학습자로 만들어줍니다. 이런 의미에서 지난 50일간 챗GPT와 함께한 코딩 공부는 가장 효율적인 학습법이었습니다. 챗GPT에게 다양한 질문을 하며 '내가 무엇을 모르는지' 그리고 '모르는 부분을 어떻게 채울지'에 대해 효과적으로 알 수 있었습니다. 또한 챗GPT의 즉각적인 피드백과 가이드를 통해 우리의 학습 스타일과 속도에 맞는 맞춤형 코딩 학습이 가능했습니다.

새로운 언어를 배운다는 것은 개인이 또 다른 커뮤니케이션 도구를 가진다는 것에만 국한되지 않습니다. 새로운 언어는 사람들의 사고의 지평을 넓혀주고 상상력과 창의성을 무한대로 확대시켜줍니다. 독자 여러분은 이제 파이썬이라는 새로운 언어를 통해 여러분의 세계에서 무한한 가능성을 발견하실 수 있을 것입니다.

코드를 읽고 쓸 수 있는 능력이 생존의 필수가 되는 '누구나 코딩하는 세상'이 도래하고 있습니다. 이 책이 독자 여러분을 새로운 세계로 도약하게 만드는 데 조금이나마 도움이 되었기를 소망합니다. 자, 이제 미래로 나아가 봅시다.

나이는 많지만 코딩은 하고 싶어

초판 1쇄 발행 2024년 11월 28일

지은이 윤근식
펴낸이 박영미
펴낸곳 포르체

출판신고 2020년 7월 20일 제2020-000103호
전화 02-6083-0128
팩스 02-6008-0126
이메일 porchetogo@gmail.com
포스트 m.post.naver.com/porche_book
인스타그램 porche_book

ⓒ 윤근식(저작권자와 맺은 특약에 따라 검인을 생략합니다.)
ISBN 979-11-93584-91-0(13500)

- 이 책은 저작권법에 따라 보호받는 저작물이므로 무단전재와 무단복제를 금지하며, 이 책 내용의 전부 또는 일부를 이용하려면 반드시 저작권자와 포르체의 서면 동의를 받아야 합니다.
- 이 책의 국립중앙도서관 출판시도서목록은 서지정보유통지원시스템 홈페이지(http://seoji.nl.go.kr)와 국가자료공동 목록시스템(http://www.nl.go.kr/kolisnet)에서 이용하실 수 있습니다.
- 잘못된 책은 구입하신 서점에서 바꿔드립니다.
- 책값은 뒤표지에 있습니다.

여러분의 소중한 원고를 보내주세요.
porchetogo@gmail.com